我希望，二十四节气

充盈着科学的雨露，洋溢着文化的馨香。

既在我们的居家日常，也是我们的诗和远方。

故宫知时节

二十四节气 七十二候

宋英杰——著
王　琎——摄影

故宫出版社

本书由中国天气 · 二十四节气研究院支持出版

序　言

一

这本书的缘起，是故宫博物院藏但从未示人的传为南宋夏珪、实为明人绘制的《月令图》册。这部月令图为现存最早的节气图册，它对二十四节气的七十二候进行了逐条的图解和注释。

谈及《月令图》，我们首先就要说到什么是月令。先秦时期，月令与节气相继萌生且并行，都是中国古人的时间法则。月令，是上古时期的礼制，是一年十二个月当行之“令”，是藉由天的意志发布政令。现在我们经常用到一个词：时令。所谓时令，是“随时之政令”，是依循自然时节而易变的政令。古代政令的基本理念是“道法自然”。

月令，按照明代《月令广义》的解读：月令者，王事之本，群生之命，治国家，究年寿，未有不由者也。各种政令都不可违逆月令的基本理念，无论是官是民，是君是臣，大家概莫能外。月令如同官之施政、民之行事的“基本法”，国中没有法外之地。

“凡兹政令，兼张毕举”，所以月令在古代，是设典立制，是“建皇极，授民事，以为法天循古之治”的第一要务，是古代社会的“顶层设计”。

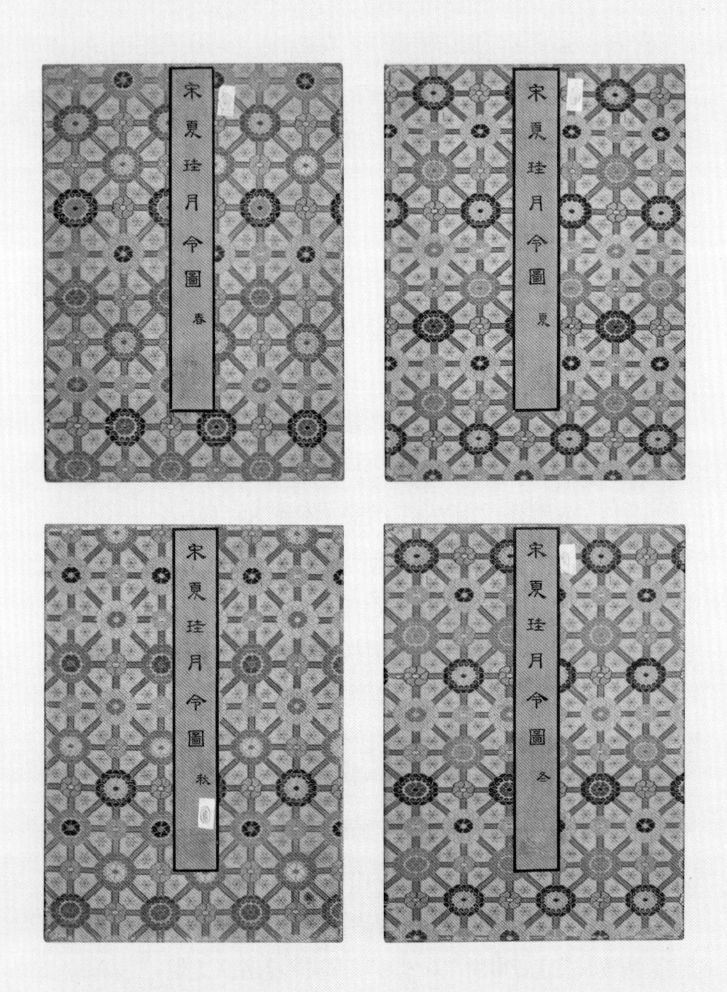

《月令图》

以农立国，“土地所宜，五谷所殖”是朝廷的税赋之源，也是民众的衣食之本。所以颁令于节，应时而作。政令的出发点，就是顺天时、求地利，以得物产的最大化。如果某个月的月令与自然时令不符，冲犯了时令，上苍就会以天灾的方式进行“黄牌”警告或者“红牌”惩罚。各级官员的职责，皆是执行月令，奉顺阴阳，授民事君。就连天子，也必须遵守月令，大到政策导向，小到生活细节。

例如天子所用的器物：

春天所用的器物，“其器疏以达”，器物上面雕刻的线条要纹理粗疏，直而通达。对应“春物将贯土而出”，象征春草破土之状。

夏天所用的器物，“其器高以粗”，器物的形状，高大而粗壮。“象物之盛长也”，即象征万物在夏季快速成长。

秋天所用的器物，“其器廉以深”，器物的形状，外面有棱角，里面很深邃，象征秋季的收获之物和收藏之所。

冬天所用的器物，“其器闳（hóng）以奄（yǎn）”，闳代表中宽，奄代表上窄，即开口小、肚子大，象征着冬季的闭藏。

例如天子着冬装的时间：十月朔（农历十月初一），天子始裘。

《新唐书·李程传》：德宗季秋出畋，有寒色。顾左右曰：“九月犹衫，二月而袍，不为顺时。朕欲改月，谓何？”左右称善，程独曰：“玄宗著《月令》，十月始裘，不可改。”帝矍然止。

您看，就算是气候有异，天气有变，即使皇帝也不能轻易更改着冬装的时间规制。

当然，普适而严谨的月令规则也是动态的。

《礼记·月令》：“（季冬之月）天子乃与公卿大夫，共饬（chì）国典，论时令，以待来岁之宜。”

每年年底，天子和大臣们都要商议月令的修订和完善。所以《礼记·月令》所提供的政策内容，只是一个参考性的范本而已。它是一种导向、一种方法论、一种思维模式，而不是囊括了所有政事细则的“百科全书”。

二

天子每月所下达的具体政令中，第一大类是祭祀（包括祭祀物品的生产），第二大类是农事，第三大类是基础设施建设（包括水利、道路、房屋等的建设与修缮），第四大类是赏罚（包括赈济、抚恤），第五大类是生态保护，第六大类是公共事务管理（包括贸易、税收、城市秩序）。

这些政令的制订和实施有这样几项原则：

第一，体现前瞻性。

第二，以保障农事为第一要务。

第三，严与慈、赏与罚，顺应春生夏长秋收冬藏的季节属性。

第四，各种政令要体现结果考核和质量控制。

第五，对政策进行动态修订。

天子所发布的各种政令，以刚性命令为主，柔性劝导为辅，体现政令的严肃性。

《礼记·月令》所列举的近300项具体政令之中，带有“毋”“禁止”“不可”等词汇的政令，便有73项；带有重申、务必等语义的政令，有23项；带有可以、劝说、教导等语义的政令，有13项。所以总体而言，政令侧重告诉人们不要做什么，即行为禁区。并且一部分政令还附带标注违反政令的惩罚性措施。

例如政策的前瞻性：

（季冬之月）令告民，出五种。命农计耦耕事，修耒耜，具田器。

寒冬腊月就命令农官告示百姓，从仓库中挑选好五谷的种子；修理好、准备好一切农具。这是在春耕之前的两个多月。

（季春之月）命司空曰：时雨将降，下水上腾，循行国邑，周视原野，修利堤防，道达沟渎，开通道路，毋有障塞。

在强降雨到来之前，农历三月就要求提前修筑堤防，疏浚河道，消除阻塞。这是在雨季到来之前的两个多月。

例如政策目标：

（孟春之月）农乃不惑。

要提前勘查土地所宜、五谷所殖，什么地方适合种什么，目标是：要在春耕之前做到让农民没有疑虑。“专而农民，毋有所使”。目标是：在农忙之时使农民免受徭役的困扰。

例如惩罚：

（仲秋之月）乃命有司，申严百刑，斩杀必当，毋或枉桡（ráo）。枉桡不当，反受其殃。

执法者如果贪赃枉法，将承担“反坐”的后果。枉桡不当，反受其殃。

例如质量控制：

物勒工名，以考其诚。功有不当，必行其罪，以穷其情。

器物要刻上工匠的名字，终身负责制。如果器物看似精美但不坚固，会问责治罪。

例如政策精确到细节，体现可操作性：

（季秋之月）乃命有司曰：寒气总至，民力不堪，其皆入室。

霜降时节请有关部门叮嘱民众，天气冷了，一定要到室内御寒。

（孟冬之月）戒门闾，修键闭，慎管籥（yuè）。

而且一直提醒到门闩、门鼻和钥匙这样的细节。

三

月令是中国古代朝廷根据天时制订政令的重要依据，甚至是古代社会生活秩序的指南。而《礼记·月令》是月令体系中的正统版本，曾经是古代官方的时间手册。月令的依据是天时，这本是自然属性的季节时序，但被“包装”成神秘而神圣的天之指令，于是社会生活中的诸多信奉、各种礼俗便以天道崇拜的轨迹渐进和推演。礼仪之邦，物质层面是以农立国，文化层面是以礼立国。

《礼记·礼器》曰：“礼者也，合于天时，设于地财，顺于鬼神，合于人心，理万物者也。”也就是以礼制规范人与天地的关系。在此基础上，建构公序良俗。所以月令的内在逻辑是“得乎天道，行乎人伦”。正如中国现存最早的时令文献《夏小正》所言，“阴阳生物之序，王事之伦，莫大于月令”。月令的指导性功能，是要做到不缺位、无盲区，成为全社会修身、齐家、治国之根本。

月令，是上古时间观的经典表达，核心理念是“以时系事”，是将自然规律与人间秩序相对应，目标是“朝无阙政，民罔怠事”。君王对于天时的遵守，是以遵守月令的方式来体现的，“以时为秩”，其核心是时间秩序。月令之中，所有政令的分寸与导向，都需要顺应天时，契合春生、夏长、秋收、冬藏的规律。并且列举出倘若颁布违逆天时的政令，会产生怎样的后果，作为“红线”，以为禁忌。顺应时令的政令，其核心要义是“毋悖于时”，基本理念是“毋变天之道，毋绝地之理，毋乱人之纪”，要契合天、地、人的伦理和纲纪。希望关乎民生的政事与天时产生和谐的“共振”，这是月令文化的核心价值观。

西汉时，汉成帝于阳朔二年（公元前23年）春，颁发《顺时令诏》，批评朝野上下不重视月令：“昔在帝尧，立羲和之官，命四时之事，令不失其序……今公卿大夫或不信阴阳，薄而小之，所奏请多违时政。传以不知周行天下，而欲望阴阳和调，岂不谬哉！其务顺四时月令。”

唐太宗要求“复修四时，读令之制，命有司因礼记月令文，以时增损，月读之”。各级官员每个月都要阅读《礼记·月令》，并且有关部门还要经常修订月令。

唐玄宗将《礼记·月令》定为最重要的必读书目，“定位利己首篇。讲官以每月朔，奏读一篇。孟辄亲迎时气”。每月初一，百官都要认真学习《礼记·月令》当中的相应章节。每到换季之际，皇帝都要亲自到郊外迎接新季节的到来。

而在宋代，宫廷里，御前摆放月令典籍，供皇帝随时阅览。“有关部门”还设置专门讲授月令的课程，官员定期重温。宋代进士张虙（fú），就曾做过南宋理宗的御前侍读。张虙写下的《月令解》，总共十二卷，皇帝每月观览一卷。这样，便于皇帝更全面、更准确地理解月令。他认为，如果天子依照月令施政，就可以“裁成天地之道，辅相天地之宜”，可以上正礼教，下导民风，以月令确定人伦纲纪，于是“万物乃叙”“百灵乃安”，这是国家长治久安的前提。

当然，传统的月令体系在不同的年代，朝廷的重视程度大不相同。

为什么有人特别重视？是因为希望借助月令的理念建构政治权威。

为什么有人不重视？是因为天子和权臣不愿意受到月令当中各种条条框框的束缚。人们追求简洁，不喜欢繁复。月令可以为我所用，而不是我为其所累。

四

月令是以四时为章，十二月为节，以时间为次序，逐个章节地记述天文历法、自然物候，并据此发布各种政令，故名“月令”。古代的月令，通常包括三个部分，一是时节特征，二是政令内容，三是政令失当所产生的后果。

关于时间单位,《礼记·月令》最经典的句式，便是“是月也”。时间分辨率是月，还不是像二十四节气那样，以大约半个月为时间单位。只有少部分内容是精确到旬或者日：

比如：(季春之月)是月之末，择吉日大合乐；

比如：立春前三日，天子斋戒；

比如：(季秋之月)上丁，命乐正入学习吹。

此处的上丁，是指农历九月上旬的丁日。还有不具体的某一天，比如“霜始降，则百工休”，就是降霜的那一天，所有的工匠都可以休息了。

而在时节特征的描述中，有对每个月的物候现象的列举：

孟春之月——东风解冻，蛰虫始振，鱼陟负冰，獭祭鱼，候雁北，草木萌动。

仲春之月——桃始华，仓庚鸣，鹰化为鸠，玄鸟至，雷乃发声，始电。

季春之月——桐始华，田鼠化为鴽，虹始见，萍始生，鸣鸠拂其羽，戴胜降于桑。

孟夏之月——蝼蝈鸣，蚯蚓出，王瓜生，苦菜秀，靡草死，麦秋至。

仲夏之月——螳螂生，鵙始鸣，反舌无声，鹿角解，蝉始鸣，半夏生。

季夏之月——温风至，蟋蟀居壁，鹰始鸷，腐草为萤，土润溽暑，大雨时行。

孟秋之月——凉风至，白露降，寒蝉鸣，鹰乃祭鸟，天地始肃，禾乃登。

仲秋之月——鸿雁来，玄鸟归，群鸟养羞，雷始收声，蛰虫坯户，水始涸。

季秋之月——鸿雁来宾，雀入大水为蛤，菊有黄华，豺乃祭兽，草木黄落，蛰虫咸俯。

孟冬之月——水始冰，地始冻，雉入大水为蜃，虹藏不见，天气上腾、地气下降，闭塞而成冬。

仲冬之月——鶡鴠不鸣，虎始交，荔挺出，蚯蚓结，麋角解，水泉动。

季冬之月——雁北乡，鹊始巢，雉雊，鸡乳，征鸟厉疾，水泽腹坚。

月令中的物候现象，可以分为两大类，生物物候、非生物物候（包括一些天气现象）。而生物物候中，以数量排序，第一类是鸟类物候，第二是植物物候，第三是虫类物候，第四是兽类物候。

但最初并没有七十二候的概念，各个典籍中列举的物候标识也各有不同，《夏小正》中有60项，《吕氏春秋》是74项，《易纬通卦验》是83项，《礼记》是80项，《逸周书》和《淮南子》都是72项。而且最初，每项物候标识都只是隶属于某个月的。从《逸周书·时训解》开始，才将月令物候依托节气时段，框定在五天、五天的时间节律之中，使七十二候成为一种经典的物候历。

《月令图》，便是以"看图说话"的方式，解析七十二候的现象与内涵，或许叫作《月令七十二候图解》更为确切。本书完整呈现图册画作，并将释文录于正文中各候对应的图像页。

由于七十二候物候历脱胎于月令体系之中，所以一直被称为"月令七十二候"。只是在月令体系衰微的过程中，渐渐地变成了二十四节气的物候注释，所以现在人们往往将其视为节气"物语"。在《礼记·月令》中，有55项物候标识最终成为节气"物语"，占到节气"物语"的3/4，七十二候物候历体现出清晰的月令血统。但节气"物语"有着每五天一候的时间定位，不再是月令中笼而统之的月度物候，所以从这个意义上说，节气"物语"是时间分辨率升级版的月令物候。

宋英杰

2019年3月

夏　万物并秀——一〇七

目录

春

春

四时之始

立春

◆ 平均气温 -0.2℃，平均最高气温 5.6℃，平均最低气温 -5.0℃。

◆ 平均日照时数 6.7 小时，平均相对湿度 43%。

◆ 随着气候变化，北京首次出现 0℃以上气温的时间，由 2 月 18 日提前到了 2 月 4 日，由雨水到立春。

注：后文中气象部分若未注明，“气候平均”均为北京 1981—2010 年气候平均值。

对于二十四节气起源地区而言，立春是平均气温和地温由零下到零上的“转正”节气，所以物象特征是消融。在古人看来，立春“东风解冻”，将解冻归因于风。《吕氏春秋》：“八风者，盖风以应四时，起于八方，而性亦八变。”

中国古人最早划定了“八风”，这是对于风向的独特敏感。当然，古籍中对于“八风”的具体称谓各有不同。《吕氏春秋》：“东北曰炎风，东方曰滔风，东南曰熏风，南方曰巨风，西南曰凄风，西方曰飂风，西北曰厉风，北方曰寒风。”《说文解字》：“东方曰明庶风，东南曰清明风，南方曰景风，西南曰凉风，西方曰阊阖风，西北曰不周风，北方曰广莫风，东北曰融风。”“八风”，是季风气候背景下，人们深刻的领悟：不同时节有不同方向的盛行风。

于是人们认为，季节的往复，都是风向推动的。

立春“东风解冻”，春分“东风试暖”，万物出乎震（东风），万物齐乎巽（东南风）。

也就是说，春暖是东风送来的，一切因风而出，一切因风而齐。一切的恩德都记在风的功劳簿上。到了夏天，是小暑温风至；到了秋天，是立秋凉风至；到了冬天，是立冬以风鸣冬，冬至朔风催寒。风干、风湿、风寒、风热，风被视为因果链条上的起始部分。风起所以云涌，风吹所以草动，风生所以水起，风调所以雨顺。

《吕氏春秋》：

> 春之德风，风不信，其华不盛，华不盛，则果实不生。
> 夏之德暑，暑不信，其土不肥，土不肥，则长遂不精。
> 秋之德雨，雨不信，其谷不坚，谷不坚，则五种不成。
> 冬之德寒，寒不信，其地不刚，地不刚，则冻闭不开。

按照《吕氏春秋》的说法，春天的恩德在于风，夏天的恩德在于热，秋天的恩德在于雨，冬天的恩德在于寒。“春之德风，风不信，其华不盛，华不盛，则果实不生”。如果春天的风不能按时来，春华就不会繁盛，秋实也就不会丰硕。

季风气候国家，人们特别推崇风的作用。明明够温暖了，花自然就开了，是春暖花开，但偏偏有人说“风不信，其华不盛”，偏偏有人说“春风吹又生”。因为季风气候，暖是“风捎过来”的，所以风成为催生万物的使者。这似乎就是气候范畴的“移情”。相反的例子是，古人说“霜杀百草”，但实际上杀百草的不是霜而是冻。所以白霜蒙受“不白之冤”。白霜“代人受过”，东风却是“掠人之美”。

在人们的意念之中，其实有三个春天。一是天文层面的春，二是农耕层面的春，三是气候层面的春（日平均气温稳定高于10℃）。二十四节气所设定的是四季均等的季节框架。立春开始，是天文意义上的春。在节气起源地区，立春的第一个标识，是“东风解冻”。所以立春的这个“春”，是始融之候；数九数完“寒尽春归”的那个“春”，是可耕之候。

我们常说“天时不如地利，地利不如人和”，那为什么还是“靠天吃饭”呢？因为人和是可控的，地利是部分可控的，只有天时是不可控的。人们对于“可耕之候”的恪守，便是顺应天时。

在民间，有一种描述春天的称谓，叫作：春脖子。这是一个拟人化的说法。有人将春脖子理解为春季的时长，感慨春天短暂。这当然也可以作为春脖子的引申语义。但所谓春脖子，原本是指从春节到清明之间的时间。也就是人们欢度完春节，到“清明前后，种瓜点豆”之间的准备时间。从这个意义上说，春脖子这个词本身就具有劝耕的意味。

所谓春脖子长或者春脖子短，其实一直没有严谨的定义，只有笼统的划分。以立春和清明两个节气作为标准时间节点，立春解冻，清明播种，都有着明确的物候标识。从解冻到播种，大约相距60天。

如果春节日期与立春相近，可视为春脖子不长不短，算是正常。

如果春节远在立春之前，可称为春脖子长。过完春节，人们的备耕时间非常充裕。

如果春节远在立春之后，可称为春脖子短。过完春节，人们的备耕时间比较短促。

最早的春节是1月21日，距离清明75天；最晚的春节是2月20日，距离清明45天。

您看，最短的春脖子跟最长的春脖子比，短了整整30天！关于春脖子，人们最常说到的还是春脖子短，意在劝耕。春脖子短，春节之后就不能再悠闲了，所以说“春脖子短，节气往前赶”。但春节日期的早与晚，与春季天气回暖的速度没有必然的联系。所以春脖子短的本意，不是春天短暂，夏天很快就来了，而是留给大家备耕的时间已经不多了。

立春，又称打春，因为鞭打春牛曾经是流行于全国的岁时习俗。那既是对春天的礼敬，也是对丰稔的期许。二十四节气在联合国教科文组织的申遗过程中，曾经遇到一个插曲。在介绍节气民间习俗的过程中，说到“立春鞭春牛”，有人提出质疑，鞭打春牛，是否涉嫌虐待动物？其实，立春鞭春牛，原意并不是鞭打真的牛，打的实际上是土做的牛，是耕牛形状的泥塑而已。

那古人为什么要做耕牛形状的泥塑呢？

《后汉书》：“季冬，立土牛六头于国都、郡县城外丑地（东北偏北方位），以送大寒。”“立春之日，施土牛耕人于门外，以示兆民也。”

按照《后汉书》的说法，有两个功能，一是送寒，二是劝农。送别寒冬，然后提示农民赶紧准备春耕。

《吕氏春秋》：“（季冬）命有司大傩，旁磔，出土牛，以送寒气。”

《礼记·月令》：“季冬，命有司出土牛，以示农耕之早晚。”

早在先秦时期，制作土牛，送寒和劝农就已经是官方的规制了。隆冬时节，各级官府“出土牛以送寒气”，这是春牛之缘起。后来人们将这个习俗确定在了立春。那为什么要用土牛来送寒和劝农呢？宋代《艺苑雌黄》：“土爰稼穑，牛者，稼穑之具，故用之以劝农。冬则水用事。季冬建丑，寒气极矣。土实胜水，故用以送寒气。古人制此，良有深意。”按照五行学说，冬季属水，而土克水，兵来将挡水来土掩，所以要用土的东西来驱赶冬寒。土负责生养，牛负责耕地，所以用土做的牛，既起到送寒的功能，也体现劝耕的作用，一举两得。所以“古人制此，良有深意”。而大寒节气所处的季冬时节，其方位是丑，即东北偏北，所以要把土牛放在东北偏北的方位。但最初只是制作土牛，以送寒和劝耕，还没有鞭打土牛的习俗。

先秦时期，立春之日的官方习俗主要还是“迎气”，天子率领三公九卿诸侯大夫到东郊迎候春天的到来。立春迎气，天子及文武百官都是穿着青色的衣服，那时候青色是春季服装的标准色，或者说吉祥色（春，真的是“青春”）。还有童男扮演的春神。

在迎气之后，顺便“籍田”，然后是“班春”。“籍田”，是官方举行象征性的耕田仪式，为民众进行示范。“班春”，是颁布春令，督促民众及时耕作。用泥土塑造耕牛和耕人的形象，并进行展示。立春之时制作的土牛，也渐渐地被改称为春牛。立春之后，各地的地方官还要深入基层，巡防辖区内的乡村，进行劝耕。

《后汉书》记载的地方官立春后劝耕的情景是：“郡国守相皆劝民始耕，如仪。诸行出入皆鸣钟，皆作乐。”

您看，各地方官进行“班春”活动，深入基层的时候还带着鼓乐班子，敲敲打打，希望引起民众的注意，扩大“宣传效果”。班春，地方官要动用文娱方式，以期喜闻乐见。这个细节也说明，班春活动的性质，是劝耕，是劝说的劝，而不是命令的令。

从宋代开始，立春习俗的一个重要的变化，就是原来庄严的迎气仪式逐渐被世俗的鞭春习俗所替代。鞭打春牛，意思是说，您已经歇息一个冬天了，该到田地里忙活了！

对于春牛的鞭策，也是关于劝耕的行为艺术：

第一，由官府制作土牛，皇帝也要参加，民众是立春当日，皇帝是立春前一天。“州县官吏执鞭击之，以示劝农之意”。各级官员也都效仿皇帝，鞭打春牛，劝课农耕。

第二，鞭打土牛只是象征性的，通常是用彩杖击打，彩杖也被称为五色丝杖，很有仪式感。当然，民间也有用真的鞭子抽打真牛的。

第三，鞭打之后，老百姓会去争抢土牛碎片，哪怕是抢回家一块土疙瘩也好，人们觉得这样吉利，会沾上一点好运气。直到近代，民间还有“摸摸春牛脚，赚钱赚得着”的说法。

第四，民间也渐渐有了微缩的土牛，像猫一样的大小，作为民间工艺品，人们相互馈赠。

制作土牛本是大寒时节送寒的习俗，渐渐地演变为立春节气劝耕的鞭打春牛，并且成为全社会的通行习俗，到了“皆所不晓”的程度。而且不光是鞭打春牛，还有喧天的鼓乐，“以花装栏”的街市，如同一场花车大巡游。

明清时期，立春鞭春牛的习俗似乎更加隆重。民众竞相围观官府举办的鞭春仪式，称为“看春”。看春的过程中，人们往往用五谷抛打春牛。鞭春之后，大家还争抢春牛的碎片，希望以此保佑五谷丰登。而鞭春牛的仪式流程变得更加烦琐。春牛的形象、颜色按照年份的天干地支，也有了严格的规范。立春日的迎春仪式甚至精确到了春神与春牛的相对位置，精确到了官员跪拜、叩谢、恭请春神的各种细节。

清代的《大清通礼》对立春节气的迎春礼进行了全国性的

统一规范，鞭春牛的仪式流程大致是这样的：立春前一天，先将泥塑的春牛送到城郊的先农坛，或在先农坛举行过迎春仪式后将春牛再抬回地方行政官署。立春这一天，官员和士绅都要事先沐浴，然后更换素净的衣服。不坐轿，不骑马，步行到坛前或官署前，当地民众聚集在一起围观。等到“春官”报告立春时辰已到，装扮成“芒神”的官员就用“春鞭”抽打泥塑的春牛，寓意是打去春牛的懒惰，使其勤奋耕地，助人丰收。春牛被打烂之后，大家争抢碎片，说是把春牛的碎片扔进田里，便有助于丰收。

民国时期，泥塑的春牛变成了纸牛。纸糊的春牛经不住抽打，抽几下就立即“皮开肉绽”。事先装在牛肚子里的五谷便散落一地，象征“五谷丰登，谷流满地”。当然，自己家里也可以立春鞭春牛。“立春节气到，早起晚睡觉”。黎明即起，洒扫庭院，挂出买来的春牛图。

官方仪式当中的春牛，不是真的牛，而是耕牛形状的泥塑。但农民家里的鞭春牛，往往也会打真的牛，但不是真打，是折下柳条轻轻拍打家里的牛，祷告着祈求五谷丰登的好年景。孩子们也用柳条轻轻地相互抽打，以求昂扬精神，去除一冬的慵懒。

从前，到了立春，除了集中式的鞭春牛仪式，还有分散式的报春活动。所谓报春，就是有人敲锣打鼓，唱着迎春赞词，挨家挨户地送春牛图。所谓春牛图，是年画的一种，画面里通常是两个角色，一个是童男装扮成的芒神，一个是芒神身边的耕牛。但在报春过程中赠送给农户的红纸印制的春牛图上，除了二十四节气，一般还有农民牵牛耕地的图案。报春，是一种亲切的、走街串户的劝耕。

从前的鞭春牛，以及衍生的各种习俗，有两个非常重要的意义：一是从前历书不像现代这样流行，即使有，农民们也未必看得懂。为了使大家都知道立春节气的到来，以鞭打春牛的方式告知春天的

到来；二是鞭春牛是一种形式感极强，行为艺术化的劝耕。可以引发众多农民现场的围观和事后的热议，有效形成传播的热度和广度。这比官府发布文绉绉的劝耕文书更具有亲和力与传播效力。

而到了民间，劝耕方式又会有各种“加戏”，各地有各地的招式，各村有各村的习俗。比如南方的“耍春牛”极具特色。立春日，两个扎着绑腿的强壮后生，身穿紧身衣，头戴用竹和纸扎的“牛头”，套上青土布缝制的“牛身”，扮成一头壮实的“春牛”，由鼓乐队和农耕队领着，挨村挨寨去耍。村民们对春牛来耍非常喜欢，纷纷以爆竹迎候。春牛耍完，热闹之后，由农耕队带着农具到田间地头实地示范耕作。报春者在乐队的伴奏下演唱《十二月花歌》，“正月里来正月花，你莫东家走西家。塘坝有漏早点堵，犁耙有锈快点擦……”这既是接地气的劝耕艺术，又是亲近民众的良风美俗。

在古代，立春被视为春天来临的节气。但现代人以温度标准定义的春天来审视立春，总觉得古代以立春作为春天的开始，真的是匪夷所思。

在现代人看来，立秋比立夏还热，立春比立冬还冷，立春的春、立秋的秋，似乎徒有虚名。这体现了古代和现代季节标准体系的差异。就像古人说冬至的阳气萌动是“潜萌”，立春的春意萌动也是“潜萌”，是偷偷地萌生。节气歌谣中说到的立春，是“立春阳气转”，只是刚刚开始回暖而已，而且时有天气返寒，谚语说“反了春，冻断筋”。而人们最大的愉悦，或许不是天气终于暖了，而是细腻地感触着天气一点点地在回暖，感触着花含苞的时刻，草萌发的过程。

现代意义上的春，是春暖花开。而古人所说的春，是“误向花间问春色，不知春在未开时”，是天虽尚寒，心已向暖。人们更乐于在花将开未开之时敏锐地捕捉春意。这个差异就像人们看待股市，古人在意的，是寒暖变化的拐点，只要天气开始趋势性回暖，就算是春天来了，尽管依然寒冷。古代衡量春天是否来临，看的是大势，由“熊”转“牛”的大势，而不是看某个具体点位（气候意义上的春，是日平均气温连续五天的滑动平均序列稳定高于 10℃）。

立春，是四时之始，新一轮的节气由此启程，“人随春好，春与人宜”。王安石说“物以终为始，人从故得新”。人们希望新的节气不只是旧的气运的延续，而是承故纳新，新的起始能有新的气象。就像唐代卢仝（tóng）描述的那样：“颜与梅花俱自新”——我希望我从立春开始，与梅花一样焕然一新。

二十四节气，是中国人的时间法则，人们循时而耕耘，顺时而生养，择时而收放，承天气，踏地气，天人同道。闽台口语中的一个词“迌迌（zhì tù）”颇具古风，我们的行走，是跟着日月行走。中国的农历便是兼顾了日月的时间历法。而我们的生活，是跟着节气过日子。

立春一候

东风解冻

东风解冻，曰：风有八，东北曰周风，艮气所生，又云融风。东南曰景风，巽气所生，又云清明风。南方曰巨风，离气所生，又云凯风。西南曰凉风，坤气所生。西方曰飂风，兑气所生。西北曰丽风，乾气所生，又云阊阖风。北方曰寒风，坎气所生，又云广莫风。东方曰条风，震气所生，又云明庶风。虽分向位各有所生，是月，唯取东风和应，条条风也，气和则冻解，冻解，不凝结也。

“淑气凝和，条风扇瑞。”这体现着人们的天气价值观。冬春交替之时，人们心目中的理想状态，是晴暖。淑气：温和之气。条风：东北风。季风气候背景下，人们认为时令变化是由风向的变化所推动的。

所谓“东风解冻”，并非“八风”中的确切风向，而是东北风。隆冬时节，本是北风盛行。现在有了东风分量，虽不是纯正的东风，亦是惊喜。

清代钦天监对立春日的风向观测，康熙年间立春日的东北风概率为76%，乾隆年间立春日东北风概率为93%。

以清代乾隆年间钦天监的风向观测为例：

立春日盛行风为东北风（发生概率为93%），而并不是东风。

春分日的盛行风才是东风（发生概率为68%）。

立夏日盛行风为东南风（概率为68%），

立秋日盛行风为西南风（概率为82%），

立冬日盛行风为西北风（概率为91%），

冬至日盛行风为北风（概率为83%）。

由冬至日的东北风概率5%，到立春日的东北风概率93%，这是一个巨大的转变，有了温润的感觉。

对于节气起源地区而言，在东北风领衔的时节，东风虽然只是偶尔客串一下，依然属于“非主流”，但人们感恩于它的“友情出演”，于是将其视为时令标识。而此时的解冻，只是阳光照耀下的初融。冰冻三尺非一日之寒，消融三尺之冰，也并非一日之暖。这个消融的过程，通常要历时一个月之久。

立春二候

蛰虫始振

蛰虫始振。蛰虫得阳气，初始振动，犹未出也。至二月，乃雷振惊而出，此对二月，故云始振。始者初也，振者动也。

大地回暖了，在地下冬眠的小动物最敏感，“密藏之虫因气至而皆苏动之矣”。它们醒了或者半梦半醒，可以打个哈欠，伸个懒腰了，但起床还早着呢。

有的是惊蛰出走，有的是春分启户，有的甚至更晚，立夏二候蚯蚓出，都已经是5月中旬了。小虫子们醒得早，起得晚，不是因为懒，而是因为谨慎。如果太匆忙或者太草率，出门儿赶上倒春寒就惨了。而且，现在气候变化了，冬天来得晚，又经常是暖冬，小动物们往往睡眠不足，所以醒了也想再补个回笼觉。

我们可以将七十二候的72个物候标识分为三个层面：天上、人间、地下。“天上”的，比如清明三候“虹始见”；“人间”的，比如雨水三候“草木萌动”；“地下”的，比如立春二候“蛰虫始振”。

物候标识数：地下12个，天上24个，人间36个，比例恰好为：1∶2∶3。人们当然最关注“人间”的物象，但也并没有忽视“地下”微妙的变化。

为什么呢？因为在古人看来，到了冬天，“阳气下藏地中”，冬春交替之时要通过对于地下的观测，感知阳气的“潜萌”，即偷偷地萌发。“地下”是春气萌动的基础环境。但要察看地下物象，观测难度系数是最高的。要得出“蛰虫始振”的结论，一要“掘地三尺”，二要恰好发现蛰虫舒展筋骨的动作，三要采集充足的样本数，才能获得统计学上的可信度。

从这个意义上说，“蛰虫始振”未必是基于严谨的观测，很可能是观测+猜测型的物候标识。只是想告诉人们，小动物们的冬眠就要结束了。

立春三候

鱼陟负冰

鱼陟负冰。鱼当盛寒之时伏于冰下，盖正月阳气逐其温暖，故鱼上游水而近于冰也。又云『鱼陟负冰』，陟，升也。

《鸿烈》曰：是月之时，鲤鱼应阳而动，上负冰也。古云：不言上而言负，如背荷也。陟负，酌古准今同矣，本经《月令》云：鱼上冰与气上负冰及今鱼陟负冰。三说其义不殊，今从陟负矣。

所谓鱼陟负冰，说的是河水开始解冻，大家可以看到水里的鱼了。沉寂了一个冬天的鱼儿在水中游动，吸氧、觅食，甚至来个鱼跃。毕竟憋得太久，也饿得太久！但水面上还有碎冰碴儿，以人在岸上围观的视角，就感觉鱼是背着冰块儿在游泳一样。所以鱼陟负冰，既写实又写意，是一则很有情趣的物候标识。

以人的视角，是鱼陟负冰。但以鱼的视角，它们很纳闷，为什么会有那么多人围观。鱼儿说：你们是没见过冬泳，还是没见过冰水混合物?

立春三候物候标识的另一个说法，是“鱼上冰”。按照唐代学者孔颖达的注疏：“鱼当盛寒之时，伏于水下，逐其温暖。至正月阳气既上，鱼游于水上，近于冰，故云鱼上冰也。”

隆冬时节，鱼在深水区取暖。立春之后，水温高了，鱼开始贴近冰层游泳。而且冰层变薄了，人们可以透过薄冰与鱼对视了。

于是，就会有这样的情景：有人在冰上凿个洞，鱼儿就会聚过来，透透气儿，甚至跃出水面。立春时节人们就这样凿冰捕鱼。

立春时东风解冻是因，无论蛰虫始振，还是鱼陟负冰，都是果，都是天气回暖、冰雪消融的结果。

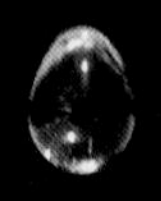

雨水

- 平均气温 2.3℃、平均最高气温 8.3℃、平均最低气温 -2.5℃。
- 平均日照时数 6.9 小时、平均相对湿度 43%。
- 在北京反倒是雨水时节最容易下雪。
- 1951—2018 年降雪日最多的节气前三位：雨水、立春、大寒。

雨水，称谓最通俗，最容易“顾名思义”，也就最容易“望文生义”。最常见的说法是：

一、雨水节气是开始下雨的节气。

二、雨水节气是不再下雪的节气。

其实对于二十四节气起源地区来说，雨水节气既不是从此开始下雨了，也不是从此下的都是雨了。清代学者孙希旦写道：“自小雪雨雪至此，始雨水，阳升于地上也。”是说小雪节气开始下雪，雨水节气开始下雨。为什么开始下雨了呢？因为阳气不再潜藏在地下，而是升腾到地上了。当然，依照清代比现在更寒冷的气候，这样理解也并非谬误。

但以现代气候，在雨水之前的立春时节，节气起源地区的降水有 40% 左右就已经是降雨了，更何况雨水节气呢。就连北京立春时节的降水，也有 10% 左右是降雨，但雨只是北京降雪季当中的花絮而已。

如果将雨水节气解读为这是不再下雪的节气，需要有一个前提，即在汉代初年，节气的排序是立春、启蛰、雨水。“汉初启蛰为正月中，雨水为二月节”。那时雨水节气的所在时段相当于现在的惊蛰节气。后来，节气的排序才变成了立春、雨水、惊蛰。

为什么会有节气次序的调整呢？按照唐代学者孔颖达的说法，是“由气有参差故也”。节气的次序是根据气候的变化而进行微调。按照现代气候，节气起源地区气候平均结束降雪的时间，是在惊蛰时节。

只是更晚的降雪，就很难再有积雪了，所以谚语说：清明断雪、谷雨断霜。霜雪可能发生在春季的任何一个节气当中。所以雨水节气，既不是降雨的开始，也不是降雪的终结。

雨水节气的气候本意，是指节气起源的黄河流域地区，降雨的概率开始高于降雪的概率。

对于雨水节气的内涵，应该是“东风解冻，冰雪皆散而为水，化而为雨，故名雨水”。

换句话说，雨水节气的名称，源于冰雪消融。消融之后，一部分变成了地上流淌的水，一部分变成了由天而降的雨。所以雨水节气是立春“东风解冻”的续集，立春是开始解冻，雨水是全面消融。

《管子》曰：“日至六十日而阳冻释，七十日而阴冻释。阴冻释而杌（yì，种植）稷。”这句话有两种解释：一是表层土壤解冻之后，深层土壤解冻；二是阳坡冰雪消融之后，阴坡冰雪消融。

冬至后60天，阳坡（向阳之处）消融；冬至后70天，阴坡（背阴之处）消融。阴坡消融之后就可以陆续开始春耕春播了。所以雨水节气，也被古人定义为“可耕之候”。东汉时期《四民月令》曰：

“二月，阴冻毕泽。”农历二月，冰雪完全消融。《管子》说的冬至后70天，也就是雨水二候。《四民月令》说的“阴冻毕泽”，正是发生在雨水与惊蛰节气交替之时。可见，雨水时节所代表的，是冰雪全面消融的过程。

《尔雅》曰：“天地之交而为泰。”天之气与地之气开始交融，天地和同，联手“酿造”雨水。“春”字体现阳光，“泰”字体现雨露，皆是万物所需，先馈赠阳光，再奖赏雨露。所谓“春气博施”，便是春天以阳光雨露施予万物，彰显博爱精神。

《太平御览》所引的一段话：“雨者，辅食生养均遍，故谓之雨。”什么是雨？按照时节，让大家“雨露均沾”的雨，才是真正的雨。这是人们心目中降雨的理想状态。雨水时节的气候，按照《尔雅》的说法，是“甘雨时降，万物以嘉”。对于万物而言，是普惠式的馈赠和奖赏。

全国而言，雨水时节是整个春季节气中气温升幅最小的，而日照不仅没有增多，反而还减少了，这是其独特之处。为什么会这样呢？雨水时节，天上由雪到雨，地上由冻到融，这都是既花工夫又耗能量的系统工程，所以回暖乏力。

人们常说“下雪没有化雪冷”，下雪时是潜热释放，化雪时是潜热吸收，这些热量的损耗，本身就部分抵消了雨水时节本该有的气温增幅。而且冰雪消融之后，雾气弥漫，阴雨缠绵，又部分消减了雨水时节本该有的日照增幅。

在冰雪消融，春暖花开的进程中，雨水节气，是一个坚韧的“破冰”节气。雨水节气所承担的是融化坚冰的“攻坚战”，啃的是“硬骨头”。而阳春时节的春暖花开，都是在此基础上的锦上添花而已。

雨水一候

獭祭鱼

獭祭鱼。獭者，猵也。是月之时，鲤鱼上冰，故候使。獭获此鱼于冰边，四面陈之，以祭天，故曰獭祭鱼也。

自从立春三候鱼陟负冰之后，捕食者便惦记上了好似背着冰块儿游泳的鱼。雨水一候獭祭鱼，“此时鱼肥美，獭将食之，先以祭也”。是说水獭把它捕获的鱼都在岸边码放好，嘚瑟一下，但在人们看来，这如同祭祀时整齐摆放的供品一样。

实际上，水獭就像“熊瞎子掰苞米”一样，一条鱼啃上几口就扔在一边，又去吃下一条鱼了。它的习性，是既挑肥拣瘦，又喜新厌旧。因此，所谓獭祭鱼，水獭捕获鱼儿之后欣赏和祭拜的说法，只是古人按照自己的行为模式所做的一番猜想，是过于丰富的想象。

雨水二候

候雁北

候雁北。是月，时候之应雁从彭蠡来，北过周雒至漢中，返其居，孕卵彀也。比雁北乡，稍去晚耳。今之候雁地也。

所谓候雁北，说的是鸿雁向北迁飞，途经此地。九九歌谣中“七九河开，八九雁来”的“八九雁来”正是候雁北。这是大雁从越冬地向度夏地飞去，途经我们的观测地，或许会在本地“服务区”歇个脚，加顿餐，喝口水。

“八九雁来”，常常被误写为“八九燕来”。雨水时，向北而去的是大雁；春分后，自南而来的，才是小燕。

在二十四节气七十二候的72项物候标识中，有22项是鸟类，为第一大类，其次才是草木物语、虫类物语。为什么人们格外地在意鸟类的行为呢？因为古人认为鸟类“得气之先”，它们的行为更具有精准的天文属性，能够最敏锐、最超前地感知时令变化。鸿雁是在寒冷的季节开始向北迁飞，是对迁飞途中所耗费的时间做了非常精确的计算，可以正好赶在春暖花开时节到达它的北方度夏之地，这体现出令人惊叹的前瞻能力。

什么叫作鸿鹄之志，它们行程的高远，它们的领时令之先，它们细腻的时间直觉，都使人心生敬意。所以，每次看到有人在候鸟迁飞的途中设网捕鸟，都会特别心痛，都会觉得他们捕杀的不是鸟，而是人类认知时令范畴的亦师亦友的生灵。最好是让它们“雁过留声”，而不是我们“雁过拔毛”。善待生灵，也是中国节气文化的应有之义。

雨水三候
草木萌动

草木萌动者，乃天地和同，所以萌动，甲拆芽也。

中国现存最早的物候典籍《夏小正》所记录的正月物候，包括“囿有见韭”，园子里经冬的韭菜又长出新的嫩叶；包括“柳稊（tí）”，也就是柳条有了鹅黄的嫩芽；包括“梅、杏、杝（yí）桃则华”，也就是梅树、杏树、山桃树都陆续开花了。《夏小正》是用列举的方式，汇集了初春时节的很多草木物语。后来，人们在创立二十四节气的过程中，改为总括的方式，将这些物语汇成一句话：草木萌动。

无论是雨水一候獭祭鱼还是雨水二候候雁北，都未必能够给人带来持久的触动和欢喜，人们或许只是淡然一瞥，或者莞然一笑。真正能够使人感受到春意初生的，是草木萌动。

冬至开始，是阳气潜萌，是在地下偷偷地萌生。雨水开始，是草木有些在地下萌芽，有些在地上萌发。

《春秋繁露》有云：“天亦有喜怒之气、哀乐之心，与人相副，以类合之，天人一也。春，喜气也，故生；秋，怒气也，故杀；夏，乐气也，故养；冬，哀气也，故藏。四者，天人同有之。”天似乎同人一样，也有喜怒哀乐。而初春的草木萌动，仿佛是天人相与的洋洋喜气。

惊蛰

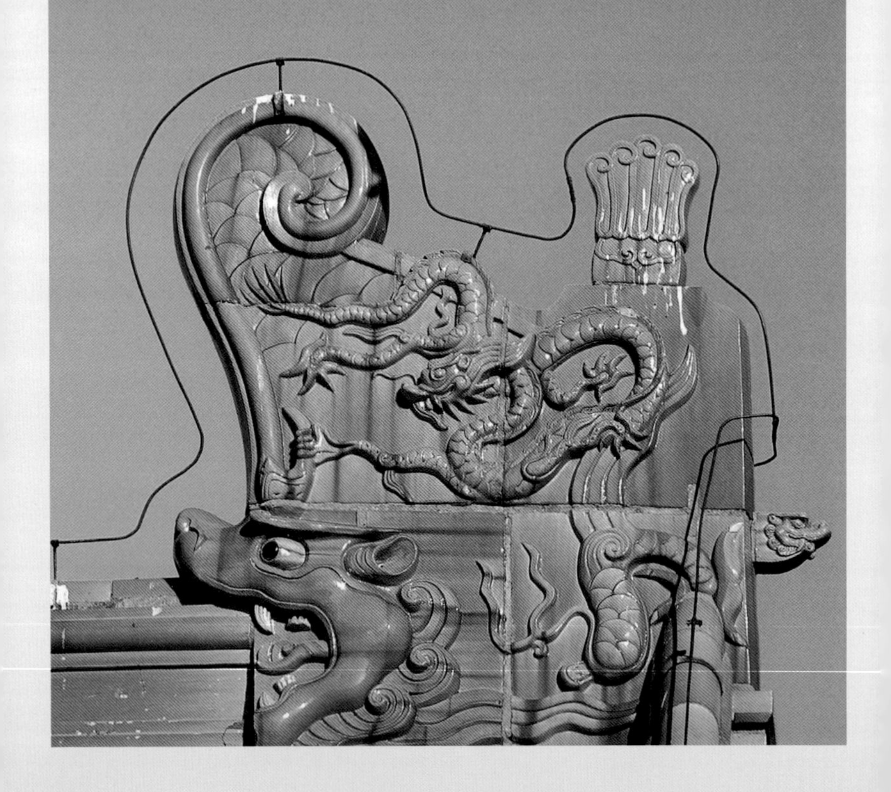

- 平均气温 5.9℃、平均最高气温 11.9、平均最低气温 0.6℃。
- 平均日照时数 7.3 小时，平均相对湿度 41%。
- 盛行艳阳天气，便也是天干物燥的时节。
- 原来，春分时节是极度干燥日最多的时段。现在已经提前到了惊蛰时节。最小相对湿度低于 10% 的极度干燥天气，1981—2010 年比 1951—1980 年增加了 27%。
- 进入 21 世纪，惊蛰时节有 30% 为极度干燥日。
- 随着气候变化，北京气温完全“转正”（全天高于 0℃）的时间由春分三候（4 月 1 日，1951—1980 年）提前到了惊蛰三候（3 月 18 日，2009—2018 年）。

人们冬天数九，数的是什么？

数的是结局。

数着日子过日子，内心的源动力，是“九尽春归”，数九数完了，春天便回来了。

惊蛰的到来，正值九九时节，是人们欣欣然迎接久违的春姑娘的时候。惊蛰节气的基调，是温暖而欢快。在古代的季节体系当中，尽管立春被视为春天的开始，但那是“一元复始”的春，是气温的拐点，只是名义上的春天。而人们内心真正的春，是“一年之计在于春”的春，是可以开始农忙的春。“九尽桃花开，农活一起来”，“九九加一九，耕牛遍地走”，冬闲结束了。

冬季虽然漫长，但秋收之后还有秋种冬灌，还有冬储冬酿，农民真正的冬闲时间其实很有限。就像唐代诗人韦应物描述的那样“微雨众卉新，一雷惊蛰始。田家几日闲，耕种从此起”。年复一年，“饥劬（qú，辛劳）不自苦，膏泽且为喜”。

自己的辛苦不是苦，禾苗的快乐才是乐。

《诗经 · 七月》中写道：“四之日举趾。”说的是农历二月，农民们皆举足而耕，大家都开始下田耕地了。人们信奉“惊蛰一犁土，春分地气通”，春耕，是在上承天气、下接地气。耕后而播的作物，才能集纳天地之灵气。老话说：锄上三寸泽，意思是锄头上有三寸雨水。所谓靠天吃饭，并非完全靠天吃饭。耕田本身，就是在减少对于气候的过度依赖，人们要将收成掌握在自己的锄头上。所以“过了惊蛰节，耕田不能歇”。

提起惊蛰，一种常见的说法是，隆隆的雷声，惊醒了蛰伏冬眠的小动物。而且也有类似的谚语：春雷惊百虫。它们的苏醒，不是睡到自然醒，而是被春雷吵醒。“春雷响，万物长”。它们的成长，也是因为春雷鸣响。但是，惊蛰这个节气的“初心”，其实和雷并无关系。

雷的“闹钟”功能，与布谷鸟的“催耕”功能一样，都是出自人们过于丰富的联想。以现代气候，在二十四节气起源的黄河流域区域，通常是在清明之后迎来初雷。

唐代元稹的《咏二十四节气诗》《咏惊蛰》说的是：“阳气初惊蛰，韶光大地周。”所谓“阳气出惊蛰”，是说：唤醒蛰伏动物的，是阳气，也就是渐暖的温度。而天气回暖的推手，是普照大地的阳光。然后《咏春分》说的是：“雨来看电影，云过听雷声。”这个电影，说的不是我们在电影院里看的那个电影，而是闪电。是雨来的时候有闪电，云过的时候有惊雷。所以电之影、雷之声，都是春分时节的天气现象。

《乾隆朝实录》记载了清乾隆三十四年（1769）乾隆帝与雷有关的一次震怒，他说："钦天监每岁奏报初雷占候，仅据占书习见语，于惊蛰后照例具奏，并非闻有雷声。固套相沿，甚属无谓，嗣后此例着停止。"因为钦天监以"惊蛰闻雷"的理念，在惊蛰节气观测初雷，然后将观测结果奏报给皇帝，但几乎每次都没有观测到雷声。乾隆帝严厉斥责钦天监"固套相沿，甚属无谓"。乾隆帝斥责的是脱离气候规律的墨守成规，叫停的是惊蛰节气的初雷观测。但钦天监在贯彻上谕的过程中，居然擅自加码，取消了初雷的全部观测业务。

那为什么会有把惊蛰和雷声挂钩的这种误解呢？

第一，可能和惊蛰这个名字有关。它原来叫启蛰。因为要避汉景帝刘启的名讳而被迫改为惊蛰。启是一种渐变，而惊像是一种突变，就很容易使人联想到雷。

实际上，当初启蛰是在立春之后、雨水之前，正如中国最早的物候典籍《夏小正》当中说到的"正月启蛰"，所以启蛰的本意只是冬眠的结束而已。

所谓"阳和启蛰，品物皆春"，说的是温暖的气息使蛰虫从冬眠中渐渐醒来，春天的标志便是万物的苏醒。所以使蛰伏冬眠动物从梦中苏醒的，不是有声的惊雷，而是无声的温度。

温暖，比雷霆更有力量。

第二，可能古代一些学者的解读被人误解了。比如元代学者吴澄《月令七十二候集解》的说法，是"万物出乎震，震为雷，故曰惊蛰，是蛰虫惊而出走矣"。但他说的是惊动和出走，而不是苏醒。

是什么时候开始苏醒的呢？同样按照《月令七十二候集解》

的说法，是立春，立春时“窨藏之虫因气至而皆苏动之矣”。那为什么会苏醒呢？是“因气至”，是温暖的气息。

是什么时候开始集体出走的呢？是春分时节“蛰虫咸动，启户始出”。

但古人毕竟提到了雷，使得“蛰虫惊而出走”，《淮南子》中还将惊蛰称为“雷惊蛰”，这该如何理解呢？

雷，是八卦当中震卦的一种卦象，即标志之一。而震所代表的是万物由静到动，指的是广义的生发，它未必特指具象的天气现象。关于万物的萌发与生长，八卦当中有两个卦与之对应。一个是震卦，“万物出乎震”；一个是巽卦，“万物齐乎巽”。如果以小草来衡量，震代表的是刚萌发，巽代表的是初长成。如果以人来衡量，“出乎震”说的是婴儿阶段，“齐乎巽”说的是少年阶段。

古人所说的节气物候，是立春蛰虫始振，春分蛰虫启户。即立春时冬眠的动物醒了或者半梦半醒。春分时，陆陆续续都出门了。春分出门，那又怎么解释惊蛰时节的“蛰虫惊而出走矣”呢？

毕竟，物种和物种不一样，大家不可能同时出门，有的早在惊蛰，有的晚在春分。即使同一个物种，也还有白露一候鸿雁来，寒露一候鸿雁来宾。急急忙忙先飞的，和磨磨蹭蹭后飞的相比，可以相差一个月之久。

第三，虽然惊蛰和北方的初雷无关，但却与南方特别是安徽、江苏、浙江等地的初雷高度吻合，包括《淮南子》成书的淮南地区。所以在这些地区，人们完全可以将初雷作为惊蛰节气的标识。

随着农耕重心的南移，随着士大夫的南迁，越来越多的无论是农民还是诗人都留意到了南方惊蛰与初雷的契合。“微雨众卉新，一雷惊蛰始”，是唐代诗人韦应物在担任滁州刺史的时候看到的田园，描述的是安徽的惊蛰物候。

通过诗词、谚语的演绎和流传，逐渐夯实了惊蛰鸣雷的物候特征。这虽然不是惊蛰的古意，但恰恰是对南方惊蛰物候正确的本地化订正。而且惊蛰节气祭雷神也正是南方一些地区的习俗，习俗的形成自然有它的气候依据。

古时候，雪代表着祥瑞之气。京城下场雪，臣子们会“上表称贺”。一场雪，往往成为赞颂天子功德的由头，谄媚与雪花齐飞。而到了古人认为阴气至极的冬至，朝堂上更是刻意回避灾异的话题。

《旧唐书·百官志》中记载：“元旦，冬至，天子视朝则以天下祥瑞奏闻。”只说好的，只听好的。如果赶上喜欢听天气喜报的皇帝，百官们自然就会热衷于搜罗各种可以解读为祥瑞的天气现象，灾情反倒成了忌讳。

虽然人们喜欢雪，很多国家都有类似“瑞雪兆丰年”的天气谚语，说明英雄所见略同。但并不是所有的雪都可以称为瑞雪。对于节气起源地区而言，气候平均的终雪大多是在惊蛰时节。北京也是如此，1981—2010 年平均终雪日期为 3 月 17 日惊蛰三候。

在人们的潜意识中，惊蛰过后的降雪便不能一概称为瑞雪。

故事一：

嘉庆十年，直隶总督颜检奏报惊蛰前三日一场雨转雪的实况后，他专门写道：“臣查现在节令甫交惊蛰，各属具报情形，或渥沛祥霙，或先承雨泽。无非应时甘澍，春麦足藉敷荣，农民感激恩施，莫不同深欢忭……”

临近惊蛰再下雪，官员们便特地查验和分析，是灾雪还是瑞雪。

故事二：

武则天时代的公元701年农历三月，都城长安下了一场大雪。

文武百官终于找到了一个机会献媚，大家准备向武则天庆贺瑞雪。就在此时，殿中侍御史王求礼提出质疑："三月雪为瑞雪，腊月雷为瑞雷乎？"但他的这番话，大家根本听不进去。王求礼继续说："今阳和布气，草木发荣，而寒雪为灾，岂得诬以为瑞，贺者皆谄谀之士也。"

王求礼是在"求理"，阳春三月的雪会冻坏返青的草木。那就不是瑞雪而是灾雪。如果不知这个道理，集体庆贺，是无知；如果明知这个道理，还要庆贺，是无耻。

其实农民们都懂得，谚语说："冬雪是财，春雪是灾。冬雪如膏，春雪如刀。"所以冬天的雪是营养，春天的雪是凶器。

当然，春雪还可以再细致划分。如果是初春，天气还比较寒冷，这时敢"冒头"的个别草木，是抗寒能力比较强的，初春的雪总体而言还算是大地的"被褥"，起到的是保暖的作用。但如果是阳春时节，草木都已经抽青吐绿甚至开花了，再大雪纷飞，那肯定不是瑞雪，而是灾雪。所以，为瑞之雪，不是阳春之白雪，而是隆冬之积雪。

惊蛰一候

桃始华

桃始华。《大戴礼》云『榹桃华』榹即山桃也。询园丁云『野桃』是也，非正桃花也。自冬冰雪至此，阳气蒸变，桃始发华也。

所谓桃始华，指的是多见于北方的山桃，而非多见于南方的毛桃。以杭州（南宋都城临安）为例，现代物候观测，山桃盛花期为3月5日（惊蛰前后），毛桃盛花期为3月25日前后，山桃的花期比毛桃要早20天左右。

古人遴选物候标识，一要讲究代表性，要常见；二要讲究规律性，要守时；三要讲究观赏性，兼顾颜值。人们将桃花始开，作为春忙的标识；将桃花渐落，作为春雨的预兆，所以绵绵春雨，也被称为“桃花水”。正所谓“花开管时令”，除了桃树，“红杏枝头春意闹”，杏树也是农耕时令的“消息树”，因此《隋书》中有“瞻榆束耒，望杏开田”的说法。

秋的妙处在于眺望远处，而春的妙处却在于端详近处。仲春之美，就在于草之新绿、木之初华。

惊蛰二候

仓庚鸣

仓庚鸣。《尔雅翼》云一物四名：曰皇黄鸟，曰仓庚，曰商庚，曰鵹黄，楚雀之名。今候鸟只云仓庚，应蚕之候，故以鸣焉。鸣者，叫也。北人与今呼名同，即黄莺也。

“莺歌暖正繁”，黄鹂鸟被视为天气回暖的预告者。从惊蛰一候桃始华，到惊蛰二候的仓庚鸣，标志着鸟语花香时节的开始。在人们眼中，莺歌燕舞，代表的是春天里最好的歌唱家和舞蹈家。而且从“两个黄鹂鸣翠柳”到“夏木阴阴啭黄莺”，人们从黄鹂鸟的鸣音变化中，感受着由春到夏的时令变化，谚语说：“立夏不立夏，黄鹂来说话。”

对于惊蛰时节的天气，《诗经》里写的是：“春日载阳，有鸣仓庚。”春天的阳光承载着和暖之气，黄鹂鸟快乐地鸣叫。歌里唱的是“九九艳阳天”。谚语里说的是：惊蛰过，暖和和，蛤蟆老角唱山歌。那么惊蛰时节，是不是像《诗经》中写的，像歌中唱的，像谚语中说的，盛行艳阳天气呢？

从气候大数据来看，在由立春到谷雨的春季节气之中，惊蛰和清明降水增幅最少，日照时数增幅最多，天气回暖幅度最大（全国平均值）。所以“九九艳阳天”的说法，并非文学化的渲染，而恰恰是真实的气候写照。

惊蛰时节，在南北方日照“贫富差距”拉大的同时，温度的“贫富差距”便缩小了。北方地区是“给点阳光就灿烂”，气温往往反超南方。但是快速回暖的过程中，昼夜温差迅速增大，仿佛一天当中包含了两个季节。而且，阳光雨露，惊蛰时节是阳光先行，雨露滞后，所以显得天干物燥。尚未脱去冬装的人们，忽然就有了一种燥热的感觉。

有人坚持“春捂秋冻”，但越来越多的是“七九六十三，行人把衣宽”，走起路来，冬装就有点穿不住了。当然，惊蛰时节，乍暖还寒，而且这个时候，正好是北方供暖季陆续结束之际，气温暴跌也就显得杀伤力更强。我们盼望春姑娘，但惊蛰时节，却是她最任性的时候。众里寻她千百度，她想几度就几度。天气快速回暖，往往气温虚高，一旦冷空气杀个回马枪，就会是气温的一场大跳水。所以也就有了“乍暖还寒时候，最难将息”的感慨，有了“惊蛰刮风，从头另过冬”的民谚。

惊蛰三候

鹰化为鸠

鹰化为鸠。卯辰者，阳之中。故仲春则鹰化为鸠，故阴为阳所化。仲秋，鸠化为鹰，故阳为阴所化。乃互复其形，不言变而言化也，虽云鸠化为鹰候之不言也。

“鹰化为鸠”是说老鹰惊蛰时变成了布谷鸟。这听起来当然是谬误。但也可以这样理解：春暖之后，食物多了，鸟类的性情不那么凶猛了，变得温顺了，由“鹰派”变成了“鸽派”。

到了仲春时节，人们看不到鹰了，但鸠忽然多了起来，于是人们以为鹰变成鸠。实际上，是鹰躲起来忙着孵育小鹰，鸠忙着鸣叫求偶而已，是鹰和鸠的恋爱与婚育存在着显著的时间差而已。

古老的节气物候标识中，有不少是某种生物变成另一种生物的说法，例如鹰化为鸠、田鼠化为鴽、腐草为萤、雀入大水为蛤、雉入大水为蜃等。这里涉及两个概念，一个是“为”，一个是“化为”。这两个概念之间有什么区别呢？唐代《礼记正义》：“化者，反归旧形之谓。故鹰化为鸠，鸠复化为鹰。若腐草为萤、雉为蜃、爵为蛤，皆不言化，是不复本形者也。”

可见，“为”是不可逆的，比如“腐草为萤”，说草腐烂之后变成萤火虫，但萤火虫不能再变成草。

所谓“鹰化为鸠”，言外之意是说春天鸟类变得温顺了，但到了秋天，为了觅取充足的食物过冬，鸟类又会重新变得凶猛。“鹰化为鸠”只是古人的假说而已，后来人们逐渐认识到“鹰鸠必无互化之理”。在古人看来，惊蛰时布谷鸟是以“鹰化为鸠”的方式亮相的，然后便以春神的身份开始了它辛勤的催耕工作。

春分

- 平均气温 9.6℃，平均最高气温 16.0℃，平均最低气温 3.9℃。
- 平均日照时数 7.7 小时，平均相对湿度 43%。
- 春分时节，为北京的入春时间。
- 1981—2010 年北京的气候平均入春日期为 3 月 29 日春分二候，80% 的年份是在春分时节入春。但进入 21 世纪之后，北京有 1/3 的年份是在惊蛰时节入春，最早的是 3 月 9 日（2002 年），惊蛰一候。
- 北京相对寒冷的 20 世纪 70 年代，平均入春日期，为 4 月 7 日，清明一候；进入 21 世纪以来，平均入春日期，提前到了 3 月 24 日，春分一候。短短 30 年的时间，春天平均提前了整整一个节气。

董仲舒在《春秋繁露》中说："仲春之月，阳在正东，阴在正西，谓之春分。春分者，阴阳相半也，故昼夜均而寒暑平。"一天之中的所谓阴阳变化，是昼夜交替，是地球自转一圈；而一年之中的所谓阴阳变化，是寒暑交替，是地球绕着太阳公转一圈。

在古人看来，冬至时阴气最盛，阳气刚刚萌生；夏至时阳气最盛，阴气刚刚萌生。而春分、秋分时恰好是阴气与阳气势均力敌之时，分别是春季和秋季的中间点。显然，古人所设定的阴阳消长，是匀速消长，体现的是线性变化。而这一切，都是建立在四季等分的季节体系的基础之上，也就是：四季门类齐全、时间均等。

春分、秋分被称为"昼夜均而寒暑平"，昼夜均等是正确的，但寒暑平衡却需要画一个问号。春分、秋分是不是一年之中气温不偏不倚的中间点呢？其实并不是。

全国平均气温，春分比秋分气温要低7.7℃。全国平均气温一般是在4月4日清明节气，达到全年气温的中间值，也就是所谓的“寒暑平”。对于北京而言，“寒暑平”是在清明和寒露时节，比春分和秋分都滞后一个节气。

二十四节气起源的黄河流域地区，春分的气温明显低于全年的中间值，而秋分的气温明显高出全年的中间值，到清明和寒露时节才能达到寒暑平衡。所以“昼夜均”是在春分秋分，而“寒暑平”是在它们后面的一个节气。而对于广州来说，“寒暑平”分别是在临近谷雨之时和霜降节气之后，比春分和秋分几乎滞后两个节气。台湾的“寒暑平”更是在谷雨节气和小雪节气。

那为什么南方的“寒暑平”比北方更滞后呢？因为南方地区春分后来自太阳的热量，增量部分少于北方；而秋分后来自太阳的热量，减量部分同样少于北方。所以春分之后回暖速度比北方慢，而秋分之后暑热消退的速度同样比北方慢，因此“寒暑平”的时间也就比北方地区相对滞后。谚语说“冷至春分，热至秋分”，“春不分不暖，夏不至不热”。在人们眼中，春分是寒与暖的分水岭。当然，这是指节气起源地区。而在黑龙江，是“到了春分别欢喜，还有四十日冷天气”。

立春时所说的东风解冻，东风只是客串。到了春分时，东风才逐渐开始领衔。《易纬通卦验》：“立春条风（东北风）至，春分明庶风（东风）至。”虽然立春名曰“东风解冻”，但立春时的所谓东风，实际上多为东北风。春分时才是正宗的东风。春天里，最令人感动的风，是东风和东南风。

《吕氏春秋》：

“（东风）乃震气所生，一曰明庶风。”

“（东南风）熏风，巽气所生，曰清明风。”

东风被称为明庶风，东南风被称为清明风。按照司马迁的说法：“明庶风，居东方。明庶者，明众物尽出也。”东风的属性，是明庶，是让万物尽情萌生。而清明，是“气清景明，万物皆显”。清明风，是让万物尽情成长，它代表了万物的青葱时光。

立春二候蛰虫始振，蛰伏冬眠的动物伸伸懒腰，抻抻筋骨，但还没有起床，甚至还有可能再去睡一个回笼觉。惊蛰才是真正的清醒，梳洗打扮，准备出门。然后春分蛰虫启户，门户大开，大家陆续开始了户外生活。

在古人眼中，东风是最具亲近感，也最具辨识度的风，甚至到了“天下谁人不识君”的程度。“异乡物态与人殊，惟有东风旧相识。”即使身处他乡，虽然风俗不同，风物迥异，但总能遇到东风这位“旧相识”。“等闲识得东风面，万紫千红总是春。”即使不借助测风仪，也都能辨认出东风。为什么呢？因为只凭万紫千红便知道东风来过了。

“协气东来，和风南被。”这是描述风的理想状态。首先，风向最好是东风和南风。其次，风力既不是轻软之风，也不是强劲之风，和风是4级左右的风。于是，风和气所形成的体感，是和谐。

《庄子·逍遥游》：“嘉承天和，伊乐厥福。”人间的乐与福，皆源自“天和”，自然的祥和之气。由天及人，人们崇尚温润之气、和煦之风，最高境界便是令人如沐春风。

那什么是春风呢？辞典告诉我们：“春风，指春天里的风。”但这样的解释过于笼统和宽泛。春天的风是既多元又多变，不是春天所有的风都可以被称为春风。春天的风，可能出身于热带，也可能出身于寒带，可能来自太平洋，也可能来自西伯利亚，可能是剪刀，也可能是尖刀。

老舍先生说："所谓春风，似乎应当温柔，轻吻着柳枝，微微吹皱了水面，偷偷地传送花香。"老舍先生的说法，更符合春风这个词汇的气象属性和文化属性。春风应当是特指可送暖、可化雨、具有护肤功能而不是毁容功能的风。

谚语说："风不扎脸是春天。"当东风在冷高压的占领区不再像一个受气包一样忍气吞声的时候，当东风能够时不时欢快地向人们展示它温润性情的时候，冰冷的季节便结束了。

"吹暖东风自不忙，徐徐一例与芬芳"，风之暖，然后便是春之香。

有诗云："草作忘忧绿，风为解愠清。"绿草之绿，被称为忘忧绿，让人忘记忧伤；清风之清，被称为解愠清，令人消除怨气。春天，仿佛是"治愈系"的季节。"古者邑居。秋冬之时，入保城郭；春夏之时，出居田野。"古人在这和暖的时节，便开始了"出居田野"的生活。

农历二月，被称为丽月，景色俏丽的月份；也被称为令月，美好、吉祥的月份；还被称为如月，如者，随从之意。万物相随而出。有人将"如"解读为顺从，万物顺应着渐渐回暖的天气，相继复苏。也有人将"如"解读为延续，温暖在承上启下地延续着，生命的活力也在延续和增长。英语中也有这样的谚语"三月，来如雄狮，去如羔羊"，形容三月的天气由凶悍到温顺的转变过程。

《淮南子》中描述春天，说"孟春始盈"，是"柔惠温凉"的时节。感觉春天的性情像一位淑女。人们看到的，仿佛是东风打扮出的一位春姑娘。这时的风雨，也被描述为"沾衣欲湿杏花雨，吹面不寒杨柳风"。即使有风雨，也柔和温润，已不是初春时的冷雨，还没有暮春时的骤雨。春天的毛毛细雨常常小到好像打伞也不是，不打伞也不是。但慢条斯理的春雨下上一整天，累积雨量也可能达到暴雨的量级（24 小时累积降水量 50—100 毫米），算是最低调的暴雨了。这种雨，浸湿田地，可以触达更深的土层。

老话儿说："天钱雨至，地宝云生。"春耕到春播的过程中，云是宝，雨是钱。土壤存下一大笔从天而降的"钱"，这在春播之后是庄稼们最大的一笔"可支配收入"。而且这种雨不会淹田毁路，属于人畜无害型暴雨。对于人们来说，春天的毛毛细雨，保湿润肤效果最好。易吸收不黏腻，水润持久无刺激，完全免费纯公益，属于美容类降水。

春分雨三场，顶喝人参汤。

春分三场雨，遍地生白米。

春分有雨病人稀，清明有雨庄稼猛。

人们历数着春雨的各种好处，降燥、除尘、润物、怡情。用杜甫的话说是"雨洗娟娟净，风吹细细香"。谚语说："春分雨水香"，一是因为它带着嫩绿时节清新的味道，二是因为植物返青阶段渴望春雨。

但随着气候变化，春分也性情大变。比如对于北京而言，春分是进入 21 世纪以来增暖幅度最大的节气。从前的春分，被称为"东风试暖"，东风初来乍到，是小心翼翼地回暖。但现在的春分，已经完全没有了当初的那般恬静。本该渐渐温润的"东风试暖"，却往往变成忽然燥热的温度大跃进。

春分一候

玄鸟至

玄鸟至。古名乙鸟，以象甲乙之形。首高居下故以名焉，燕有两种，曰紫燕，巢葺门楣之上；曰胡燕，比紫燕而小，白质黑文稍异，悬巢大屋两椽之间。齐人取其色之玄称为玄鸟，今从此名。此鸟知时，来去皆避于春秋二社，故曰玄鸟至。

在上古时期，每当季节更迭，天子都要“亲率三公九卿诸侯大夫”到郊外“迎气”，迎候新季节的到来。唯独春分时节，除了祭祀太阳之外，还有一项高规格的仪式，就是天子亲率家眷恭迎燕子这位春神。

在古代，鸟类中“待遇”最高的就是燕子。《诗经》中有“天命玄鸟，降而生商”之说，《逸周书》中有“玄鸟不至，妇人不娠”（燕子不按时回来，天下的女子便无法怀孕）之说，燕子是被神化了的候鸟。潜移默化的上古文化，一直保护着这可爱的生灵。因为燕子的回归时间常与古代春社的日期相近，所以燕子也被称为“社燕”，相当于春社的物候 Logo（标识）。

春社是在立春后的第五个戊日，理论上是在 3 月 17—26 日，与春分一候玄鸟至之说基本吻合。但后来，燕子的回归时间逐渐延后。宋代晏殊的“无可奈何花落去，似曾相识燕归来”，描述的便是落花的暮春时节，燕子才翩翩回归。于是，便有了“咫尺春三月，寻常百姓家；为迎新燕入，不下旧帘遮”的情景。以现代的物候观测，节气起源的黄河流域地区，燕子的回归时间通常是在谷雨时节，北京也是如此。

春分二候
雷乃发声

雷乃发声。崔山《要义》云：雷是阳气之声，将上与阴相冲。蔡邕云：季冬雷在地下，则雉应而雊。孟春动于地之上，则蛰虫应而振出。至此升而动于天地之下，其声发扬也。

《淮南子》曰 :“春分则雷行。”虽然惊蛰往往使人联想到春雷，但春分才是“雷乃发声”的节气。《吕氏春秋》:“冬阴闭固，阳伏于下。(农历二月)是月阳升，雷始发声。”唐代《玉历通政经》:“二月，四阳盛而不伏于二阴。阳与阴气相薄，雷遂发声。”

冬天阳气只能潜伏在地下，到了农历二月，阳气才钻出来。然后不甘于沉默,“震气为雷,激气为电”,以雷电的方式刷存在感。“鼓者，动也。春分之音，万物含阳，皆鼓甲而动也”。汉代《风俗通义》更是将阳气所激发的战鼓般喧天震地的声音，称为“春分之音”,作为春分时节所特有的声音。

七十二候中“雷乃发声”和“始电”都是作为春分的节气物语。可见，在二十四节气创立之初，春分便已经被确定为初雷鸣响的气候时间。但初雷往往雷声大、雨点小。按照清代钦天监的观测，初雷之时 65% 是“天阴”无雨，25% 是“天阴微雨”。换句话说，约 90% 的初雷都并没有带来有效降水。

到了阳春三月，雷雨天气才变得更多，也更具声势，所以有人认为这时才是雷雨季节的开始。《淮南子》曰 :“季春三月，丰隆乃出，以将其雨。”是说农历三月雷神才正式现身，播撒雨水。丰隆，也作“丰霳”，古代的雷神。在古代，有专门负责雷电天气的雷神，这是人们对于雷电威严的神化表达。

《论衡》中描述的雷神形象 :“图画之功，图雷之状，累累如连鼓之形。又图一人，若力士之容，谓之雷公。使之左手引连鼓，右手推椎，若击之状。其意以为雷声隆隆者，连鼓相叩击之意也。”《山海经》描述的雷神形象 :“雷泽中有雷神，龙身而人头，鼓其腹则雷也。”

虽然古代雷神的形象不断演化，但大多是鸟嘴、猴形，且有一双翅膀，以及锤形武器，可以在空中击鼓而雷。

在很多国家的文化中，雷神都被认为是一种鸟，雷鸟或者雷鹰。因为雷来自空中，人们首先想到的便是鸟，或许是什么鸟扇动翅膀便激发雷声。在大多数国家的神灵体系中，雷神的地位通常都高于其他天气神，甚至是最高等级的神灵。希腊神话中至高无上的主神宙斯便是雷神。对于雷神的崇拜，乃是一种全球性的文化现象。

对于雷的敬畏，首先源于它的巨大震响之声，大家以为是天之怒，是上苍对于人们的惩罚。同时，雷电在古人眼中，也是官威的代名词，正所谓“雷霆雨露，皆是君恩”。《逸周书》中说：“雷不发声，诸侯失民。不始电，君无威震。”以天人感应的思维，认为如果不应时出现雷电，将会危及天子和诸侯的威望。但随后人们发现，雷电的发声，与万物繁盛的季节相对应，雷出则万物皆出，雷息则万物皆息，似乎雷电乃是万物长养之神。于是，人们对于雷电，既有畏惧，又有尊崇。再后来，人们发现雷雨之后，空气中的负氧离子含量特别高，于是对雷电便又平添了一份好感。

春分三候

始电

始电者，电是阳光。阳微则光不见。此月阳气渐盛以击于阴，其光乃见。故云始电也。

唐代学者孔颖达解释道："电是阳光，阳微则光不见。此月阳气渐盛，以击于阴，其光乃见，故云始电。""仲春之月，阳气方盛，阴不能制，故阳光闪烁而为电"。阳气随着实力增强，开始与阴气正面交锋。于是，不仅战鼓震天，而且刀光炫目。

我们说电闪雷鸣，电闪是因，雷鸣是果，有雷声必然有闪电，那为什么春分二候有雷鸣，五天之后的春分三候才有电闪呢？这或许是因为，春分时节，最初的雷电，雷声显得更突出，因为闪电可能只是在云间放电，要么被云层遮挡，看不清楚；要么看见了也觉得很远，有点事不关己的感觉。大家感觉雷公是主角，闪电只是陪着雷公出场的一位"灯光师"。但再过些天，就不一样了，云对地闪电，就会有所谓的"落地雷"，可能劈到人，导致伤亡；可能劈到树，造成火灾。

古人认为雷和电是由雷公、电母两位大神分别掌管的两项相对独立的"业务"，它们既有协作也有分工。在古人看来，电是"阳光"，是阳气所发出的光芒。阳气渐盛时始电，这是衡量阳气强度的现象指标。所以在节气物候标识中将雷和电分开记录，可能与雷电灾害的发生概率也有一定的关系。雷乃发声的侧重点是雷，被视为天怒，始电的侧重点是电，被视为天谴。前者只是生气了，后者是真的重拳出击了。

但是根据现代的气象观测，节气起源的黄河流域，初雷即第一声春雷，是在谷雨时节。

现代气象观测中，北京的初雷日期是 4 月 23 日（1981—2010 年气候平均值），谷雨一候。最早是 3 月 20 日（2019 年），惊蛰三候；最晚是 6 月 24 日（2007 年），夏至一候。年际差异甚大。清代钦天监所记载的北京初雷日期，可以早到 3 月 4 日（1765 年，乾隆三十年），雨水三候；可以晚到 5 月 29 日（1679 年，康熙十八年），小满二候。

所以，我们不能刻舟求剑地完全套用古代的天气类物候标识。

清明

◆ 平均气温 14.3℃，平均最高气温 20.2℃，平均最低气温 8.3℃。

◆ 平均日照时数 7.9 小时，平均相对湿度 44%。

◆ 清明，是北京升温速度最快的节气。

◆ 人们常以“清明断雪，谷雨断霜”描述华北的霜雪截止规律。北京 92% 的终雪是在清明节气之前，其中 62% 的终雪是在惊蛰、春分时节。

什么是清明？

“万物齐乎巽，物至此时皆以洁齐而清明矣。”

阳春时节，草长莺飞，于是有声、有色。所以清明时节，更像是花鸟草虫的“复活节”。

过年的时候，我们说辞旧迎新。“言万物去故而从新，莫不鲜明之谓也”，对于万物来说，它们的辞旧迎新是在清明。

万物齐乎巽，巽，特指东南风，也泛指风。在古人眼中，是盛行风的转变，是和暖、温润的风，造就了万物春生，一切因风而齐。《淮南子》中更是将清明称为“清明风”，将风视为清明节气的第一特征。

阳春时节，温暖而强劲的春风，是暖湿气流的“急行军”。在“春风得意”的行进过程中，如果遭遇抵抗，形成交战，便有可能造成降雨。所以人们赞颂春风，实际上赞颂的是暖湿气流的暖和湿，第一是暖，春风送暖；第二是湿，春风化雨。但中国地域辽阔，还有很多春风“鞭长莫及”的地方，正如古诗所云“春风不度玉门关”。

阳春时节的天气，之所以被说成是“最美人间四月天”，可能至少有三个理由：

第一，最佳的体感舒适度。天气宜人，既不冷、也不热。我们经常说到一个概念“年平均气温”，比如北京的年平均气温11.5℃。那什么时节的气温最接近年平均气温，即古人所说的“寒暑平”呢？北京便是在清明时节，节气起源地区也大多如此。

正如《月度歌谣》唱的那样：

正月寒，二月温，正好时候三月春。

四暖五燥六七热，不冷不热是八月。

九月凉，十月寒，严冬腊月冰冻天。

第二，最佳的能见度。清明的本意就是清（clear）、明（bright），天气既清新又明媚。

第三，最佳的物象。所以古人说“春梦暗随三月景”。想及唯美的情境，就会下意识地“脑补”阳春三月的物象。

以人的视角，四月天最美；但以天的视角，却是做四月天最难！按照农历，就像民谣说的那样：做天难做三月天，稻要温和麦要寒。种田郎君要春雨，采桑娘子要晴干。

做人难，其实做天也难。

冬天还好，到了春天，人们对于天气好坏的判定标准出现明显分化。不同地区不同作物的不同生长时段对于冷暖、晴雨有着不同的需求，所以往往是：你之所盼，恰是他之所怨。

阳春虽好，但清明时节天气变化节奏过快。清代的《清嘉录》

中写道：清明前后，阴雨无定。俗称“神鬼天”。或大风陡起，黄沙蔽日，又谓之“黄沙天”。有诗云：“劈柳吹花风作颠，黄沙疾卷路三千。寄声莫把冬衣当，耐过一旬神鬼天。”

可见在南方，清明时节的天气，神也是它，鬼也是它。一天之中，天气给人的感觉，有可能是天堂地狱一日游。

清明的天气就如同贾平凹先生在《老生》中说到的一句话：“人过的日子必是一日遇佛，一日遇魔。”

清明时节，阴晴不定，时风时雨。王羲之的《兰亭序》、苏轼的《寒食帖》的天气背景，都是清明时节。王羲之写的是天朗气清、惠风和畅的晌晴天，苏轼写的是苦雨如秋、小屋如舟的连雨天。

阳春三月称为炳月。《尔雅·释天》中曾写道“三月为寎（bǐng，嗜睡）”，“阳春三月阳气渐盛，物皆炳然也”。天气快速回暖，万物快速成长。不过现在也常有人将三月称为寎月，春困之月。虽然天气喜怒无常，但在古人眼中，“三月阳气浸长，万物将盛，与天之运俱行不息也”。清明毕竟是“气长物盛”的时节，所以有风，也被视为“习习祥风”；有雨，也被视为“祁祁甘雨”。人们对于清明时节的天气，心怀感恩与包容。

清明最具代表性的习俗：插柳、踏青、放风筝，其实都是人们与阳春物候的快乐互动。从前清明风行插柳，所以清明也有“柳户清明”之说。清代《清嘉录》：“清明日，满街叫卖杨柳，人家买之，插于门上。农人以插柳日晴雨占水旱，若雨主水。是日宜雨。”谚云：“雨打墓头田，高低好种田。”元代《田家五行》：“清明日喜晴”，谚云：“檐头插柳青，农人休望晴”；“檐头插柳焦，农人好作娇”。大家是以插柳这一天的天气以及树叶是焦是青的颜色差异来占卜后续的天气。

所谓插柳，既有屋檐插柳，也有妇女头上簪柳、男子身上佩柳、儿童以柳为笛。

阳春时节，有各种关于花草枝叶的行为艺术。阳春三月的别称“雩（yú，古代求雨的祭祀）风”，出自《论语》：“暮春者，春服既成，冠者五六人，童子六七人，浴乎沂，风乎舞雩，咏而归。”说的是暮春三月，穿上春装，约上五六个成人、六七个孩子，一同在沂水中洗浴，然后在求雨的舞雩台上吹风，一路唱着歌回家。体现的是孔子所认同的一种生活情趣。

清明节，融汇了古代的上巳节和寒食节，于是景色清明的清明，也成为踏青寻春的清明，更成为慎终追远的清明。这是中国节日体系中最大的一宗“兼并重组”。

清明一候

桐始华

桐始华。《尔雅翼》云：桃桐之作华乃在众木之先。清明之日，桐不华则岁有大寒。不华者则阳气微，阳气微则寒可知已。《稗雅》云『桐始华』即白桐木之穉华者，言穉之小也。故曰始华。

从前，人们以梧桐开花作为阳春的物候标识，梧桐落叶作为初秋的物候标识。从《诗经》中，我们便可以感受到梧桐非寻常之木：

“凤凰鸣矣，于彼高冈。梧桐生矣，于彼朝阳。”凤凰择梧桐而栖。

“宜言饮酒，与子偕老。琴瑟在御，莫不静好。”琴瑟由梧桐而成。

在人们的意念之中，梧桐乃“比德”之木，高贵品德的代言物。但在中国古代，梧桐是一个非常宽泛的概念，既包括了青桐（梧桐），也包括了白桐（泡桐）。所谓桐始华，指的是白桐（泡桐）。而青桐（梧桐）的花期通常是在仲夏，并非阳春。

在古代诗文之中，与桐花花期相近的梨花更为显赫，所以清明风也被称为梨花风，“梨花风起正清明”。

李白诗云：“柳色黄金嫩，梨花白雪香。”从早春时的柳色，到暮春时的梨花，概括了整个春天的物候历程。

清明二候
田鼠化为鴽

田鼠，鼢鼹鼠也。形如鼠，大而无尾，黑色，长鼻甚强，常穿田陇，间多有之。郭氏云『地中行』。化为鴽者，即此是也。鴽，鹑也。《易》曰『乾道变化』者若鼠化为鴽，鴽复化为鼠，反归旧形。谓之化，不言变而言化，注疏云：鴽复鼠。候之不言也。

什么是鴽（rú）？有的辞典的解释是“古书上指鹌鹑类的小鸟”，有的辞典更简化：“鴽，一种鸟”，看来这种鸟已经绝迹了。从字面的意思看，“田鼠化为鴽”是老鼠变成了鹌鹑那样的鸟儿。

清明时节，人们发现田里的老鼠少了，那它们到哪儿去了呢？哦，可能是变成了颜色、个头都与老鼠差不多的鹌鹑。

但真实的情况是：随着天气快速回暖，老鼠躲到地下“避暑”去了。

无论清明二候的田鼠化为鴽，还是惊蛰三候的鹰化为鸠，都只是古人对于物候变化所做的一番猜想而已，谈不上是否科学。可见古人归纳的节气物候标识，有些观测型的，是亲眼所见。有些是观测 + 猜测型的，现象是亲眼所见，但原因是什么，犹未可知，那就给出一个基于猜测的“参考答案”。

古人所谓的“化为”，是可逆的。天暖的时候，田鼠可以变成鹌鹑；天凉的时候，鹌鹑还能再变成田鼠。古人认为鼠是至阴之物，而鴽是至阳之物，阴与阳可以相互转化，一个冬半年活动，一个夏半年活动，就像一个值白班一个值夜班似的。所以“化为”，更像是所谓的轮回。当然，这一切都是古人对于物候变化的无关科学的假说。

先秦时期能够入选节气物候标识的鸟类，想必都是山野田园当中人们低头不见抬头见的鸟儿。但是现在，有些稀有了，有些绝迹了，甚至关于节气物候的古籍，成了它们唯一的“栖息地”。它们已无法担当节气物候的代言物了。这也是我们在二十四节气古老的节气物语中所感受到的一种沧桑，以及遗憾。

清明三候

虹始见

虹始见。《诗》云：『蝃蝀在东，莫之敢指。』蝃蝀，虹也。郭氏云：雄者虹，雌者蜺。雄谓明盛者，雌谓暗微者。虹是阴阳交合之气，云薄漏日，日照雨滴则虹生也。

从前人们认为彩虹乃是阴阳交会之气，是阴阳势均的产物。是阴阳消长、气序更迭过程中的平衡态，造就了虹霓之美。

早在唐代，学者孔颖达在对《礼记·月令》的注疏中说："云薄漏日，日照雨滴则虹生。"宋代学者沈括写道："虹，雨中日影也，日照雨即有之。"可见在古代，虽然人们通常以阴阳学说解释彩虹，但已经有人对彩虹的生成原理做出了比较正确的论述。

《诗经》中便有"朝隮于西，崇朝其雨"的描述，是说早晨西边天上有彩虹，中午之前就会下雨（此说适用于西风带地区）。与之相应的谚语这样表述：东虹日头西虹雨或有虹在东，有雨落空；有虹在西，人披蓑衣。人们很早便开始借用彩虹来预测天气。

彩虹，是阳光照在雨后飘浮在天空中的小水滴上，被分解成七色光，即光的色散现象。

彩虹，是多与雷雨相伴的绚丽的气象景观，而古人以为祥瑞，所以往往对彩虹进行穿凿附会的解读。

穀雨

- 平均气温 17.2℃，平均最高气温 23.1℃，平均最低气温 11.3℃。
- 平均日照时数 8.5 小时，平均相对湿度 46%。
- 1981—2010 年平均初雷日期为 4 月 23 日谷雨一候，这是北京“雷乃发声”的时节。

每个节气，都有其最具标志性和特征化的天气。以全国平均值来衡量，二十四个节气当中，哪个节气风最大？是谷雨。

谷雨时节，风和则暖，风劲则寒。如果将其称为谷风，也合情合理。《诗经》有云：“习习谷风，以阴以雨。”谷风，即温润的东风，它可以善解人意地送来及时雨。但在人们看来，“谷得雨而生”，大家最在意的，还是雨，催生百谷的雨，所以才叫谷雨。

虽然都是“阳春布德泽”，阳光雨露普济众生，但清明和谷雨的工作重心又略有不同，清明是回暖更显著，而谷雨是雨泽更丰沛。于是，万物渐渐适应了这种先洒阳光、后赐雨露的流程，于是“清明宜晴，谷雨宜雨”，清明时舒展筋骨，谷雨时吸纳雨露。

“春天里的泥，秋天里的米”。谚语说：“谷雨前后一场雨，胜过秀才中了举。”因为谷雨时节正值冬小麦的抽穗灌浆期，日均需水量是越冬期的17倍，是返青期的3倍，是特别需要雨水的时候。

人们心目中理想状态的春雨是什么样的呢？

清嘉庆十年（1805），直隶总督颜检感激涕零地奏报，四月初七（立夏前一日）“雨势稠密，入土深透”；“正当复盼之时，又获如膏之泽”；“尤喜旋即晴霁”。可见，最好的春雨是“入土深透”的雨，是“旋即晴霁”的雨，是让麦穗饱满的雨。盼雨便雨，雨止即晴，不侵占片刻农忙时间，简直再完美不过了。

当然，这种理想状态的雨只是偶然。康熙帝曾经感叹道：“京师初夏，每少雨泽，朕临御五十七年，约有五十年祈雨。”他对于华北地区春夏之交的十年九旱，真是深有感触。57年当中几乎有50年需要祈祷降雨，干旱概率87.8%，确实接近90%！而随着气候变化，北京的雨越来越令人千呼万唤，1981—2010年的雨日比1951—1980年减少了9%。

在人们眼里，谷雨的雨固然珍贵，但更重要的是，它或许是一种预兆：有雨，之后的雨水也丰沛；无雨，之后的雨水也匮乏。所以不只是用谷雨的雨来耕种，还用谷雨的雨来占卜。

当然，如果雨水充足，也不会浪费，“水满塘，谷满仓，修塘等于修谷仓”。自汉代开始，朝廷便规定各地“奏报雨泽”。清代规定各地奏报“雨雪分寸”，即下雨奏报雨的入土深度，下雪奏报积雪厚度，而无须奏报其他气象要素。所以，在人们潜意识中，所谓气候，其实是雨候。

古人说：雨生百谷，故曰谷雨。这既是谷雨节气名的由来，也是谷雨时节气候的写照。

在二十四节气起源地区，从前谷雨时节的降水量，既多于之前的清明，也多于之后的立夏。如果说“春雨如恩诏”，那么谷雨节气便是“恩诏”中最慷慨的那一部分。人们希望“恩诏”能够施行普惠制，“阳春有脚，经过百姓人家”。“清明下种，谷雨下秧”。有了春暖，旱地才能播种；有了春雨，水田才能插秧。

谷雨时节的天气与物候，一句话便可以高度概括：榆荚雨酣新水暖，楝花风软薄寒收。

天气渐暖了，薄寒消隐。而晴雨交替的节奏也加快了，“春天孩儿面，一天变三变”，晴雨如同孩儿的啼笑，可以瞬间完成切换。古人偏爱以风物作为天气现象的别称，所以谷雨时节的风和雨，被称为榆荚雨、楝花风。风雨似乎也饱含诗意。李商隐写道：“曾醒惊眠闻雨过，不觉迷路为花开。”被雨吵醒，固然很烦恼，但因花迷路，这是多么令人陶醉的迷路啊！

楝花，是二十四番花信风中的尾花，在花事渐了的暮春，只剩它还在“苦意留春住”。

“春眠不觉晓，处处闻啼鸟。夜来风雨声，花落知多少。”一诗描述的便是谷雨时节。

南方渐渐进入春雨季，“过雨青山啼杜鹃，池塘水满柳飞绵”。

阳春也有阳春的烦恼，除了阴雨、风沙，还有“花絮”——漫天飞舞的杨花柳絮。“落絮游丝三月候，风吹雨洗一城花。”落花惹人怜惜，但“柳结浓烟，杨飘花雪”，花粉和飞絮有时真的是让人望而生畏。这不是文人的闲情，而是常人的病情。但好在杨花柳絮，只是春天的一段“花絮”。“卷絮风头寒欲尽”，花絮落尽，就是暖洋洋的日子了。想到这里，便理性地释然了。

谷雨时节，有暖意，但热未至；有凉风，但寒已消。正是不冷不热的时候。北京的一年，是由三个月的制冷季、四个月的采暖季和五个月的宜人季组成的。之前是一个漫长的取暖季，之后又是一个漫长的制冷季，阳春三月，是最低碳的短暂时光。

季风气候当中，最短暂的春和秋，却反而是诗歌最高产的时段。花草最繁盛的春天，也是诗歌最繁盛的季节。古人说："是以献岁发春，悦豫之情畅。"一元复始，春气萌发，心情欢乐而舒畅。但更重要的是，春天是季风气候中的过渡性季节，气象变化节奏快，所以我们身边的景物，物象变化节奏也快，"处处春芳动，日日春禽变。"每天都有微妙的变化，每天都可以带给人们惊喜和触动，每天"物色相召，人谁获安？"面对各种景物的感召，谁又能无动于衷呢？不像悠悠长夏、漫漫长冬，眼前的景物似乎总是"老样子"。况且夏要消暑，冬要御寒，人们心有旁骛，不容易专心地端详物候之美。所以是否能够诗兴大发，不仅在于景物，还在于人们的体感舒适度。而且中国疆域辽阔，阳春时节的精彩，还在于气候多样性。

有人"探春"（春尚遥），

有人"迎春"（春初至），

有人"惜春"（春已逝）。

"燕草如碧丝，秦桑低绿枝。"不像盛夏时节、隆冬时节那种单一季节的大一统格局。

谷雨物候，"癫狂柳絮随风舞，轻薄桃花逐水流"。地面、林间、小径上、溪流中，是暮春时节的落花之美。令人感慨，短暂的花季，迎来与送往，竟是两番风物。

在与自然物候的迎来送往之间，人们愈发珍惜"天人共好"的绚丽阳春。

谷雨一候
萍始生

萍始生。大者曰苹，根生于水底。小者曰萍，又谓之藻浮，于水面应候之萍是也。谷雨之日，潴水则萍始生，一夕而生七子，无根有小须垂水中，为阳所浮者也。

萍，因为“与水相平故曰萍”。萍，“静以承阳”，这是古人眼中阳气浮动于水的象征。

水比土的热容量大，在天气回暖的过程中，水温升速缓于地温。所以到了暮春，水生植物才逐渐春生。“萍始生”虽特指萍，但亦是水生植物集体春生的代言物。阳春三月,有两组最经典的“相逢”，一是清明时节风与花的相逢，一是谷雨时节萍与水的相逢。

南宋程大昌的《演繁露》引述南北朝时期南唐学者徐锴《岁时广记》的说法：“花信风，三月花开时风名花信风。初而泛观，则似谓此风来报花之消息耳。”在节气起源地区，什么时节风最大？阳春三月；什么时节花最多？阳春三月。风季与花季合于阳春，是风与花的相逢。《淮南子》中清明的称谓“清明风”，实是应和花期的风。

最初的二十四番花信风，便特指阳春三月恪守气候规律的风，“风应花期，其来有信也”。

而谷雨过后，“江南四月无风信，青草前头蝶思狂”。谷雨过后，即使再有风，这位花的信使，再也送不来花的消息了。谷雨时节，“春生之气盛极”。按照《礼记·月令》的说法，这个时候“句者毕出，萌者尽达”。弯曲的芽儿皆出世，娇嫩的叶儿初长成。草木“卖萌”的时节结束了，花季也就结束了。

气序到了谷雨之时，物候特征是落花、流水，陆生植物落英缤纷，而水生植物次第萌发。

这时，萍与水相逢，既是因为“春江水暖”，更是因为春雨降、春水涨。谷雨之雨，往往是使人“不知晴为何物”的连绵阴雨。下雨的时候一直湿冷，一放晴才感觉已是春深时分。用明代文徵明《雨晴纪事》中的话说，是“入春连月雨霖霪，一日雨晴春亦深。碧沼平添三尺水，绿榆新涨一池荫”。

谷雨二候

鸣鸠拂其羽

鸣鸠其名不一：曰斑鸠、锦鸠，曰布谷，《诗》云『鸤鸠』一名鴶鵴。牝牡飞，鸣翼相摩拂，故云鸣鸠。拂其羽，趍（趋）农急。《诗》云：『鸤鸠在桑，其子七兮。宛彼鸣鸠，翰飞戾天。』许氏云：奋迅其羽直刺上飞入云中者，鸣鸠是也。

鸣鸠拂其羽，是说布谷鸟翩翩起舞。

布谷鸟是古代的春神，鸠鸣春暮，“鸣鸠拂其羽，四海皆阳春”。在人们看来，布谷鸟独特的叫声，似乎是在催耕：

布谷布谷，磨镰扛锄。

阿公阿婆，割麦插禾。

布谷布谷天未明，架犁架犁人起耕。

南北朝时《荆楚岁时记》:“有鸟名获谷,其名自呼。农人候此鸟，则犁杷上岸。”“布谷布谷督岁功”，布谷鸟的人文形象，很像是田间一位尽职尽责的农事督察。当然,在生物学者看来,布谷鸟的啼叫，只是宣示领地的声音。

鸟语花香的春季,古人从鸟之语、花之香中领悟到“花木管节令，鸟鸣报农时”的农耕智慧。其实阳春时节，可供遴选、可以欣赏的物候标识实在是太多了。但是农民们无暇欣赏，闲的时候眼里才有风景。“窗前莺并语，帘外燕双飞”，无论它们如何莺歌燕舞，都不如布谷鸟的声音更有感召力。对于节气起源地区而言，清明断雪，谷雨断霜。谷雨时节是“雨频霜断气温和，柳绿茶香燕弄梭。布谷啼播春暮日，栽插种管事繁多”。

在英语中，布谷鸟是 cuckoo，在其他语种中，布谷鸟一词的读音也大多来自它的叫声，布谷鸟是因鸣而名。但布谷鸟这位春神，有一种古怪而神秘的天性，就是抢占别的鸟筑好的巢。《诗经》中便有“维鹊有巢，维鸠居之”的描述。布谷鸟下的蛋可以和宿主鸟的鸟蛋几乎一模一样，并且残忍地吃掉人家的鸟蛋。靠这种瞒天过海的方式，自己的孩子却让别的鸟来孵化和喂养，所以布谷鸟被学者称为“职业骗子”。有时候，以人的伦理来审视这一切，似乎特别沉重，破坏了人们眼中布谷鸟勤快催耕的热心形象。

谷雨三候

戴胜降于桑

戴胜，织鵀之鸟。是时，在于桑，蚕将生之候也。恐妇人有慢蚕事于蘧筐，故因是鸟之来以警之，其鸟有文彩，如戴花胜，故呼戴胜，即戴鵀也。

古时立春时，女子“纤手裁春胜”，按照某些春天品物的形状剪裁出各种饰物，戴在头上，称为“春胜”。还有人戴花，或者戴彩帛，或者缀簪于首，以示迎春。戴胜鸟最醒目的特点，就是羽冠高耸，鸣叫时羽冠起伏。人们觉得它的羽冠就像是戴着春胜一般，所以将其称为“戴胜”鸟。

所谓戴胜降于桑，是说戴胜鸟在桑树上筑巢孵育雏鸟。那为什么偏偏是在桑树之上呢?

它并不是“择良木而栖”，而是因为先秦时期黄河中下游地区桑树特别多，谷雨时节桑树也更繁盛而已。

在古人眼中，桑乃四时之药。春取桑枝，夏摘桑葚，秋打霜桑叶，冬刨桑根白皮。但特地言及桑树的深层次原因，却是因为蚕。

阳春三月，是蚕生之候，所以也被称为“蚕月”。蚕，以桑叶为食，而谷雨正是桑叶鲜美之时，“蚕月桑叶青，莺时柳花白”。

古代社会，温饱源于耕织。对于耕织的勉励，叫作“劝课农桑”。其实，谷雨二候的鸣鸠拂其羽、谷雨三候的戴胜降于桑，就是一种物化的“劝课农桑”。

鸣鸠拂其羽，是以布谷鸟为标识，催促耕田之事；戴胜降于桑，是以戴胜鸟为标识，提示养蚕之事。勿因慵懒，错失天时。

夏

万物并秀

立夏

- 平均气温 20.1℃，平均最高气温 26.1℃，平均最低气温 14.1℃。
- 平均日照时数 8.4 小时、平均相对湿度 50%。
- 虽曰立夏，却是北京“寒止于凉，暑止于温”的宜人时节。

立夏，被视为夏天的开始。古时候，立夏这一天，天子会率领三公九卿诸侯大夫，大家一起到南郊去迎候夏天的到来。仪式结束之后，天子要分封、赏赐，文要举荐，武要选拔。总之，天子要体现仁德，要像夏季的天气一样，遍施雨泽，让大家雨露均沾。

为什么要到南郊去迎候夏天呢？因为古人觉得，夏天自南而来，是南风送来的。而人们衣食温饱所需要的各种物产都是夏天长出来的，所以古人认为，我们的丰饶和富足是拜南风所赐，所以有“熏风阜物”之说。《楚辞》曰：“滔滔孟夏兮，草木莽莽。”

诗词之中，有抱怨东风恶的，有抱怨西风凋碧树的，有抱怨北风卷地百草折的，但人们唯独很少抱怨南风。

先秦时期的《南风歌》：

南风之熏兮，可以解吾民之愠（yùn）兮。

南风之时兮，可以阜吾民之财兮。

南风如果能够来，可以消除民众的烦恼；南风能够按时来，可以增加民众的财富。

中国夏季风降水的水汽来源，让人们“雨露均沾”的水汽，一是来自南海的南风，二是来自孟加拉湾的西南风，三是来自太平洋的东南风。

在人们眼中，它们可以统称为南风。共同的属性是温暖而湿润，它们不远万里地为我们空运“包邮”海量的水汽，然后再以成云致雨的方式留给大地。所以，感恩南风。

虽曰熏风阜物，但与春季相比，初夏的风并不狂躁。《淮南子》曰：“立夏，大风济。”风变得轻柔了。

谚语说：“立夏斩风头。”歌谣说：“立夏鹅毛住”，鹅毛都可以在地上待住而不致被风吹走。

在古人的眼中，立夏时的最佳风向是什么呢？我们从清代钦天监的立夏风向观测及评语中便可窥见端倪。

清康熙十六年（1677）：立夏之节，风从巽（东南）来，其年大熟。

清康熙二十一年（1682）：立夏之节，风从艮（东北）来，山崩地动，人疫。

清康熙二十五年（1686）：立夏之节，风从坎（正北）来，多雨水，鱼行人道。

清康熙二十七年（1688）：立夏之节，风从离（正南）来，夏旱禾焦。

清康熙三十三年（1694）：立夏之节，风从兑（正西）来，蝗虫大作。

清康熙三十六年（1697）：立夏之节，风从坤（西南）来，万物夭伤。

清康熙四十五年（1706）：立夏之节，风从震（正东）来，雷不时击物。

按照古人对于节气最佳风向的认定，立春东北风，春分东风，立夏东南风，夏至南风。

康熙年间钦天监对立夏节气风向观测，52%为东南风，是北京立夏节气的盛行风。其次16%为西南风，其他风向占比均在8%以下（唯独未观测到西北风）。

如果立夏节气日出现西北风，卜辞为"立夏之节，风从乾来，夏霜，麦不刈"。但如果立冬节气日出现西北风，卜辞为"立冬之节，风从乾来，君令行，天下安"。除了东南风被视为"风从巽来，其年大熟"的最佳预兆之外，其他风向均预兆不同类型的灾异。风向占卜的依据在于：凡是遵循气候规律的风，就是好风，就是好年景的代言风。

以相对温暖的乾隆朝与相对寒冷的道光朝进行对比：

乾隆朝：立夏日出现契合时节的东南风概率68%，出现违逆时节的西北风概率5%。

道光朝：立夏日出现契合时节的东南风概率35%，出现违逆时节的西北风概率31%。

细微之处凸显着气候的差异。

立夏，作为夏季的开始，也称"春尽日"。

白居易《春尽日》：

> 芳景销残暑气生，感时思事坐含情。
>
> 无人开口共谁语，有酒回头还自倾。

在百花销残、天气渐热的立夏，诗人们总会有万千感慨。

但靠天吃饭的农民们，或许没有感慨，只有期待。因为所谓靠天吃饭，其实是靠夏天吃饭。在人们眼中，春华夏秀，春天的花固然美，但万物并秀的夏天才能带给人们关于温饱的安全感。大家更在意的，不是风景，而是年景。古人云："四月立夏为节者，夏，大也，至此之时物已长大，故以为名。"所以立夏的特点，"是故万物莫不任兴"，是万物都在生长，任性地、随意地生长。

人有成人礼，立夏便是万物的"成物礼"。

立夏的物候，是"其盛以麦"。"晴日暖风生麦气，绿荫幽草胜花时。"如果说风景，立夏时节最美的风景就是麦子。江淮农谚："谷雨麦怀胎，立夏麦吐芒；小满麦齐穗，芒种麦上场。"麦熟进入最后一个月的倒计时。"四月麦醉人"，麦子是乡间风景，"麦足半年粮"，麦子更是百姓依归。

进入立夏之后，大家感觉"龙王爷"的政策变了，所以人们说夏天的雨是分龙雨。

小分龙:（农历）四月二十日小分龙日，晴为懒龙，主旱;雨，健龙，主水。

大分龙：（农历）五月谓之分龙雨，夏多雨，龙各有分域。

所谓分龙雨，是指最多雨的夏季，龙行云布雨的工作最繁重。好在龙王家族有很多的龙子龙孙。那就谁也别闲着，赶紧分家，自立山头。每条龙各管一个山头。农历四月搞一次小分龙，农历五月再搞一次大分龙。总之，要龙尽其才，不能龙浮于事。有的龙懒，旱了也懒得下；有的龙勤快，涝了还拼命下。于是，在两条龙辖区分界之处，可能是"夏雨隔牛背，十里不同天"。夏季天气在空间尺度上的差异性，被古人用群龙分家做了故事化的解读。

但真实的情况是：立夏之后天气炎热了，能量充足了。原来需要冷空气外敌入侵才能造成降雨，现在暖空气队伍扩大了，暖空气内讧就能造成降雨。孤零零的一片云彩，上下一翻腾，热对流，就来一场瓢泼大雨。都在一片地里忙活，有人就是旁观者，有人就是落汤鸡。

由春到夏，便是繁华落尽，芳草丛生。古人可以“细数落花因坐久，缓寻芳草得迟归”。在暮春初夏的宜人时节，可以有如此的闲情。“抱琴看云去，枕石待鹤归”，可以慢生活，可以悠闲地与自然风物对视和对话，这是现代人既羡慕，又无法回归的生活状态。

什么是夏？气象学的定义很烦琐，就是连续五天日平均气温的滑动平均序列高于22℃并稳定通过。为什么要这么烦琐呢？就是给天气一个考察期或者试用期。只有气温稳定了，才能算换季。但是，关于入夏的非专业标准，却往往更加鲜活。

什么是夏天？樱桃红熟。北京的春天，恰恰是樱桃由花到果的短暂历程。樱桃：清明开，小满摘。清明时节樱桃花开，是春天的开始；小满时节樱桃红熟，是夏天的开始。从前北京的水果季节，便是从小满的樱桃开始，到霜降的柿子结束。

还有人说，什么是夏天？夏天就是看见西瓜的时候。什么是盛夏？盛夏就是西瓜不到一块钱一斤的时候。什么是夏天？夏天就是开始卖杧果的时候。什么是盛夏？盛夏就是杧果由论斤卖变成论堆卖的时候。

四时之新的水果，其实是最鲜活的物候。用水果来作为划分季节的标准，其实是一个特别好的思路，不需要计算，可以观赏，可以品尝。二十四节气的七十二候物语就是这样的思路，使用大众可以看得见、摸得着甚至吃得到的物候来作为每一个节气的注解。只

不过，节气起源的暖温带地区并不是一年四季都能见到水果物候。

按照古人的说法，立夏之后，是“祝融司令继芳春”。火神祝融开始掌管时令了。天气开始体现一个“火”字。人们乐于夏，或苦于夏，也都是因为这个“火”。就像一首歌的歌名，夏天是《让我欢喜让我忧》。

立夏，是一个温暖的节气，但也是一个人们准备渡难关的节日。农历四月被称为乏月，既是指人，困倦慵懒的疲乏；也是指粮，青黄不接的匮乏。古人说：“四月谓之初夏，气序清和，昼长人倦。”立夏时节，天气倒是很好，清新、平和。但白昼长了，人会感到疲倦。而且这只是开始，漫漫长夏，本来劳作就辛苦，汗流浃背，还食欲减退，还难以入睡。所以也就很容易患上一种季节病，古人称之为“疰(zhù)夏”。表现形式，就是所谓“入夏眠食不服”，吃不好、睡不好，于是浑身酸软，日渐消瘦。

于是就有了“立夏秤人”的习俗。“时逢立夏出奇谈，巨秤高悬坐竹篮。老小不分齐上秤，纽绳一断最难堪”。立夏时，家人或者乡邻聚在一起，先支好一个大秤，然后大家一个接一个地坐到竹篮子里去称体重。有人负责称，有人负责报数，有人负责记录。周围的人七嘴八舌地议论，“评量燕瘦与环肥”。立夏称一次，然后立秋再称一次，看看大家熬过这个夏天，到底是有失落感还是成就感。当然，报出的、记下的，未必是真实体重，而往往是选一个吉利数字，精确倒在其次。其实，这只是从前乡村里关于夏天的一种行为艺术而已。

如何预防疰夏呢？有的地方风行“七家茶”。茶叶不是自家的，亲朋邻里之间互相赠一点、讨一点，反正不少于七家，然后把来自各家的茶叶混在一起，煮茶喝。明代《西湖游览志余》：“立夏之日，

人家各烹新茶，配以诸色细果，馈送亲戚比邻，谓之七家茶。”（所谓七家，只是一个虚数而已）

还有所谓“七家粥”，汇集了左邻右舍的米，集成了各家的食材，熬出一大锅粥，再与大家共享，取之于邻，馈之予邻。而且，在收罗食材的过程中，还融洽了邻里关系，或许七家茶、七家粥的“创作”原理就是基于这样的思路：在消夏这件事上，大家是“命运共同体”。

立夏一候

蝼蝈鸣

蝼蝈非一物也，盖有二：蝼虫名，蝈蛙名。二物显然矣。蔡氏云：蝼，蝼蛄也；蝈，虾蟆也，即今取食蛙也。是月，阴气始动于下，故应候而鸣也。

到底什么是蝼蝈，历来众说纷纭。有说是蟾蜍的，有说是蝼蛄的，有说是青蛙的，也有说是蝼蛄和蝈蝈的，还有说是蝼蛄和青蛙的。这本《月令图》认为是蝼蛄和青蛙。

汉代郑玄认为是蟾蜍：蝼蝈，鼃（cù）也。汉代蔡邕认为是青蛙：蝼蝈，蛤蟆也。元代吴澄认为是蝼蛄：蝼蝈，小虫，生穴土中，好夜出。今人谓之土狗是也，一名蝼蛄……这一则物候标识，始终是物候考据者的“兵家必争之地”，大家为此引经据典、费尽笔墨，甚至带着浓重的火药味儿去驳斥与之意见相左的其他学者。如果在节气萌芽的时代，有图示就好了。宋代学者郑樵说“古之学者，左图右书”，大家可以“索象于图，索理于书”。

立夏一候“蝼蝈鸣”这项历久弥新的争议也说明：一个始终没有形成共识的节气物语，是难以承担物候范畴的标识作用的。物候标识的价值，在于应用，而非考据。按照现代的时令物候，“蝼蝈鸣”似应改为“蛙始鸣”。在古人眼中，青蛙是极具预测灵性的小动物，人们将蛙鸣称为“田鸡报”。在感知天气变化之后，它是用“唱歌”的方式来进行“报道”的。

人们根据青蛙午前叫还是午后叫，叫声是急促还是舒缓，清亮还是喑哑，齐叫还是乱叫，归纳出众多的天气谚语，似乎青蛙既能预报天气范畴的晴雨，也能预报气候范畴的旱涝，属于全能型的“预报员”，节气的物候标识物中理应有其一席之地。

在很多国家，人们也都非常推崇青蛙的预报天赋。在古希腊时代（最早见于公元前278年），青蛙便有了“天气先知”（Weather Prophet）的称谓。英语中有Frogcaster（青蛙预报员）的说法，德语中有der Wetterfrosch（天气蛙）的说法。在一些国家，天气预报节目主持人的Logo（标识），就是一只青蛙。所以从事气象预测的人常将青蛙引以为“同行”。如果我在餐馆里看到有人点了干锅田鸡，会恍惚地觉得，那不是一锅气象台台长吗？

立夏二候

蚯蚓出

蚯蚓出则阴而屈，乘阳而伸。《尔雅翼》云：『无爪牙之利，无筋骨之强，上食槁壤，下饮黄泉，虽是微物，亦知启户有时。』故《月令》孟夏后五日而蚯蚓出，应此候。

立夏二候，蚯蚓才懒洋洋、慢悠悠地出现在人们的视野之中。按照《礼记·月令》的说法，仲春时节，“蛰虫咸动，启户始出”。那蚯蚓为什么特立独行地这么晚才结束冬眠状态呢？古人的解释是:“二月蛰虫已出，蚯蚓得阴气之多者，故至是始出。”在古人看来，蚯蚓感阴气而屈，感阳气而伸。因为深居地下，感受到的阴气比其他蛰虫更多，所以最晚结束冬眠。

蚯蚓虽小，既无爪牙之利，亦无筋骨之强，却有着翻土机、肥料厂、蓄水池的三重功能。它使田地的土质更疏松，更有利于蓄积雨水，也更有利于微生物活动进而蓄积肥力。

蚯蚓被列为物候标识，可见人们并非以貌取物。

立夏三候

王瓜生

王瓜，萆挈也。南方之果，其色赤。《本草》云叶似栝楼，圆无叉缺，有刺毛五月开花，花下结子如弹丸，生青而熟赤。《衍义》云：『又谓之赤雹子。』故应四月之候。王瓜生即此是也。

这项物候虽言王瓜，但意在藤蔓类植物。它标志着春生夏长，由花花草草，到枝枝蔓蔓。从初春时的绿痕，到初夏时的绿荫。

王瓜极常见，生长在“平野田宅及墙垣”，属于亲民型的物候标识。而且古人认为王瓜具有“止热燥”的功效。在“阳胜而热”的初夏时节，乃上苍所赐的清热之物。

人们往往习惯性地将不知名或不漂亮的草称为杂草，但“野百合也有春天”，每一种“杂草”都有着自己的生物气候学。

七十二候作为中国古代物候历，伟大之处，便在于观察和集成生物的时令智慧，使生物灵性成为我们刻画时间的“生物钟”。而在这一过程中，不嫌弃“杂草”，英雄不问出处。

七十二候中，有野草、小虫，而无梅花、牡丹。可见物候标识的“选秀”，终极标准并不是生物“颜值”。

小满

- 平均气温 23.1℃，平均最高气温 29.4℃，平均最低气温 17.1℃。
- 平均日照时数 9.1 小时，平均相对湿度 53%。
- 小满时节是北京的入夏时间，也是北京日照最充足、昼夜温差最大的节气。
- 北京相对寒冷的 20 世纪 70 年代，平均入夏时间为 6 月 8 日，芒种一候。所以谚语说“未食端午粽，寒衣不可送”。但到了 21 世纪初，平均入夏时间为 5 月 19 日，30 年的时间，夏天整整提前了 20 天。
- 在气候变化背景下，春天早退之后，是秋天的迟到。与相对寒凉的 20 世纪 70 年代相比，21 世纪初的夏季延长了 40%。夏，越来越成为网友所说的“夏 Plus”。

二十四节气创立之后，大家对节气名称争论最多的，就是小满。二十四节气其名皆可解，独小满、芒种说者不一。关于小满的争论，主要围绕着两个问题：

问题一，为什么叫小满？

问题二，为什么只有小满没有大满？

为什么叫小满？主要有三种解释：

第一种观点，小满是指麦子的籽粒将满未满，即将饱满。“斗指甲为小满，万物长于此少得盈满。麦至此方小满而未全熟，故名也。”“小满者，物至于此小得盈满。”当然，可以特指麦子，也可以泛指各种作物即将饱满。

小满之后的节气为什么不是大满呢？宋代马永卿《懒真子》中的解读：“麦至是而始可收，稻过是而不可种矣。古人名节之意，所以告农候之早晚深矣。”因为这是一个特别需要赶时间的时节，小满之名提醒大家做好收麦子的准备，芒种之名提醒大家做好种稻子的准备。古人为节气起名字，是颇有深意的。他的言外之意就是，如果小满之后是大满，大家就容易懈怠，节气名字就没有起到督促人们种稻的作用。

明代郎瑛《七修类稿》中的解读："二十四节气有小暑大暑、小寒大寒、小雪大雪，何以有小满而无大满也？夫寒暑以时令言，雪水以天地言，此以芒种易大满者，因时物兼人事以立义也。盖有芒之种谷，至此长大，人当效勤矣。节物至此时，小得盈满，故以芒种易大满耳。"他认为，冷暖体现的是季节，雨雪体现的是天气与地气之间的互动。而小满后面的节气，之所以不叫大满，体现的既是自然规律也是人间道理。因为正是农事最繁忙的时节，人需要保持勤劳，不可慵懒。所以满，籽粒可饱满，人心不可自满。

当然，我们还可以从节气预报价值的角度来看，为什么小满之后不是大满。夏季气温升高，作物生长速度快；而秋季天气转凉，作物生长速度慢。而且夏收之后地里还要种上新的作物。所以"麦收要紧，秋收要稳"。

小满这个节气名是提醒大家快要收麦子了。具体什么时候收呢？谚语说："九成熟，十成收；十成熟，一成丢"。即麦子熟到九成的时候就赶紧收割，等到麦子完全熟了，熟到大满的时候那就晚了。因此，以大满来界定麦子完全成熟的时间，不具有预测价值。

第二种观点，小满之名与麦子无关，所谓满，是指阳气。它象征着阳气小满，阴气将尽。

天地之间充盈着阳气，"四月维夏，运臻正阳"。也就是说，小满节气所在的农历四月，阳气几近日在中天的巅峰状态。所以小满是"正阳时节"。

第三种观点，小满的满，代表雨水增加了，江河湖塘涨满了。

华南谚语说:“小满江河满。”这虽不是节气创立之初的古老含义，属于新解，但却是南方地区根据自身气候状况所进行的本地化注释和修订。这也是二十四节气在传承和应用的过程中，因地制宜的发展。所以关于节气，我们既要追根溯源，理解它的气候本意，也要与时俱进，使它萌生新意。

在南方，有“小满动三车”的说法，所谓“三车”，是丝车、油车、水车。此时蚕开始结茧，要“治车缫丝”，动丝车。油菜结籽了，把油菜籽送到车坊去榨油，动油车。有人调侃说，到了小满也就有了“油水”，有了油，也有了水。水车的作用就更大了，旱则以车引水，涝则以车排水。

谚语说 :“蓄水如蓄粮，保水如保粮。无数水车奔忙在阡陌之间。”

谚语说:“小满不满，干断田坎。小满不满，芒种不管。”总之，小满时节水要满。

在二十四节气起源地区，小满时节正是麦子即将成熟之时。文人或许因花事稀落而伤感，但农民们在麦气浮动的田野中，没有惆怅，只有舒畅，“最爱垄头麦，迎风笑落红”。

《图经本草》:“大小麦，秋种、冬长、春秀、夏实，具四时中和之气，故为五谷之贵。”

在人们眼中，麦子之尊贵，在于“得四时之气”。

小满一候

苦菜秀

苦菜即苦荼也。《尔雅翼》云：『荼茶近。』即荼也。早采者为荼，晚采者为茗，其色赤，以应南方之菜。故其为味苦，感火之色而生，化火之味而秀，故曰苦菜秀也。

为什么人们在意苦菜？因为青黄不接。成语“青黄不接”的本意，就是指五月。旧谷既没，新谷未登。农耕时代，这是人们心里最忐忑的时候。幸亏，有春季草木的嫩芽、绿叶，力所能及地调剂或填补一下餐桌上的短缺。

小满时节，苦菜繁茂，可以食用了。谚语说：春风吹，苦菜长，荒滩野地是粮仓。

当然，所谓苦菜，包括了很多种味苦的野菜，例如成语“如火如荼”的荼，其本意也是一种苦菜。

《本草纲目》：“苦菜，一名游冬，经历冬春，故名。”

《图经本草》：“苦菜，春花、夏实。至秋，复生花而不实，经冬不凋也。”

苦菜，可能是中国人最早开始食用的野菜之一。《诗经》中便有“采苦采苦，首阳之下”的文字。

苦菜虽然苦，但咀嚼之后会有一丝回甘。从前，人们一般是将苦菜用水烫过，冷淘凉拌，佐以盐、醋、辣油或者蒜泥，嫩香清爽。当然，也可以做馅、做汤，任由喜好。

青黄不接之际，要靠野菜、野果填饱肚子。所以人们对春天里先发出芽、长出叶、结出果的植物，都有一种格外的关注，也有一份特别的谢意。现在虽然不需要再以苦菜充饥，但苦菜还是经常以“绿色有机食物”的身份出现在我们的餐桌之上。

小满二候

靡草死

靡草者，《本草》云：『葶苈是也。』是月，阳极感阴生者，则柔而靡，故谓之靡草，故阳不胜阴而死。

按照《礼记注》的说法,什么是靡草？是“草之枝叶而靡细者”，是那种细长的、柔软的草。

所以，靡草不只是一种草，而是一类草。

到了初夏时节，喜阴的柔嫩细长的草类受不了风吹雨淋，尤其是受不了烈日的暴晒，会陆续枯死。

古人将草分为两类，喜阴的草、喜阳的草。

“凡物感阳而生者，彊而立；感阴而生者，柔而靡”。

喜阴的草，细嫩、柔弱；喜阳的草，刚直、坚韧，正所谓“疾风知劲草”。

在古人看来，小满时节的阴阳消长，造就了草类的轮替。

小满三候

麦秋至

麦秋至。凡物生于春，长于夏，成于秋，而麦独成于夏，故于是月言麦秋至。盖此时为夏，于麦已成。故言秋至也。

节气起源地区，通常是在小满时节开始出现35℃以上的高温天气。起初小满三候“小暑至”，说的便是炎热天气开始小试身手。由小满三候“小暑至”改为小暑三候“麦秋至”，可能出于两方面的考量：一是为了避免初夏的小暑至和盛夏的小暑节气在称谓上形成混淆。二是希望大家更关注即将成熟的小麦，毕竟“麦熟半年粮”。

什么是“麦秋”？汉代蔡邕：“百谷以其初生为春，熟为秋。”元代吴澄：“此于时虽夏，于麦则秋，故云麦秋也。”清代孙希旦：“凡物生于春，长于夏，成于秋。而麦独成于夏，故言麦秋，以于麦为秋也。”按照春生夏长秋收冬藏的理念，虽然这时候对我们来说是夏天，但对于即将成熟的麦子来说，已经是它们的秋天了。所以小满的三个物候标识，各有各的季节：

小满一候苦菜秀，这是苦菜的夏天；

小满二候靡草死，这是靡草的冬天；

小满三候麦秋至，这是麦子的秋天。

似乎，大家各过各的季节，互不相扰。

小满时节，既然我们的主粮——麦子已经到了它的秋天，麦收开始进入倒计时，这个时候人们也就格外在意天气，最担心所谓“天收”，怕快到手的麦子被老天爷给没收了。那么小满时节麦子最怕什么天气呢？当然最怕冰雹。噼里啪啦一阵乱砸，把麦子砸倒了、砸烂了，最让人心疼。但冰雹的发生概率稍微低一些，小满时节还尚未进入强对流天气的高发期。

小满时节发生概率更高，更有可能对麦子造成严重摧残的，是干热风。此时的麦子需要慢慢地灌浆乳熟，怕干、怕热、怕风，当然也就最怕干热风。干热风，顾名思义，就是又干又热的风。怎么来界定干热风呢？有三个三：气温高于30℃，相对湿度低于30%，风速大于3米/秒时即可称为干热风。

《节气十怕歌》:

正月怕暖，二月怕寒；

三月怕冻，四月怕风；

五月怕涝，六月怕旱；

七月怕连阴，八月怕浓雾；

九月怕早霜，十冬腊月怕冬干。

其中农历四月怕风，说的便是怕干热风。因为小麦怕热，人们虽然自己怕冷，但还是希望冷空气经常来帮帮忙，降降温。

清代《清嘉录》:“初夏，天气清和，人衣单袷。忽阴雨经旬，重御棉衣。”

初夏本来不冷不热的，都开始穿单衣了，但是如果遇上连绵阴雨，人们就只好重新穿上棉衣。这段初夏之寒，就被称为“麦秀寒”或者是“小满寒”。

有诗云：鹎（bēi）鵊（jiá）催晨晓月残，数声布谷报春阑。棉衣欲换情偏懒，见说江南麦秀寒。

芒種

- 平均气温 24.8℃、平均最高气温 30.6℃，平均最低气温 19.4℃。
- 平均日照时数 8.0 小时、平均相对湿度 57%。
- 芒种，是北京首次出现高温的时节。北京气候平均的首个高温日是 6 月 10 日芒种一候。但 2014 年 5 月 29 日小满二候时北京便遭遇 41.1℃的酷热。

亦稼亦穑

什么是芒种？芒种一词最早出现在《周礼·地官》中："泽草所生，种之芒种。"意思是说，只要能长草的水田，都可以种麦子或者稻子。当然，这句话中，"芒种"是读作芒种（zhǒng)，芒种泛指长着芒刺的各种谷物。

那么，芒种节气是什么意思呢？元代吴澄的《月令七十二候集解》："五月节，谓有芒之种谷可稼种矣。"从主要粮食作物来看，是：有芒的麦子该收了，有芒的稻子该种了。所以芒种时节是"亦稼亦穑"，又得收，又要种。谚语说："杏子黄，麦上场，栽秧割麦两头忙。"

所以芒种，也经常被人写成"忙种"。虽说是收和种两头忙，但芒种节气的名称本意，重点是种，节气名称更侧重于前瞻性地提示人们赶紧种，千万别错过天时。

谚语说："芒种后见面。"不是说咱们芒种之后见一面，而是芒种之后收完了麦子，打完了麦子，我们就可以见到新面，吃到新面了。所以到了芒种，人们终于熬过了青黄不接的时段，虽然忙，但是心里踏实了。

有一段顺口溜，说的是：羊盼清明牛盼夏，马到小满才不怕，人过芒种说大话。

羊盼望着清明，因为羊到清明就能饱餐鲜草了。但牛还不行，牛，开春之后或者要耕田；或者因为草太嫩太矮，是既费力气又不容易吃饱（可见，嫩草并非老牛的主粮）。青草要渐渐茂盛，牛要到立夏，马要到小满，才能饱餐青草。人要到芒种之后，挨过了青黄不接的时段，夏收的这一茬作物颗粒归仓了，吃食不愁，才敢闲聊吹牛。所以，没有哪个节气，人们可以像芒种这样同时体验着收的欢欣和种的艰辛，忙并快乐着。

唐太宗诗云："和风吹绿野，梅雨洒芳田。"我觉得可以作为芒种节气的主题诗。此时的江南虽然已经进入夏天了，但人们经常感觉过的是假的夏天。按照宋代范成大的说法，是"连雨不知春去，一晴方知夏深"。因为老在下雨，所以都不知道春天什么时候走了。等到天晴了，才忽然发现，恍然已是盛夏。

为什么会这样呢？因为梅雨。梅雨，是冷暖气团之间战略相持的产物，因发生在梅子黄熟的时节，所以名曰梅雨。自古以来有很多物候与气候"二合一"的词汇，例如梅雨、桃花水、麦秀寒、裂叶风，等等，而梅雨是其中知名度最高的一个。梅雨，很容易被脸谱化，被想象成暗无天日的阴雨。实际上，梅雨时节的天气往往是忽晴忽雨，谚语说："黄梅天，十八变。"

什么是梅雨？自古以来有很多种关于时段的定义，主要有四类定义：

第一类定义，芒种节气之后、夏至节气之前的连绵阴雨，是梅雨。

第二类定义，梅雨泛指农历四月到五月的雨。“四五月间，梅黄欲落，蒸郁成雨，谓之黄梅雨”。

第三类定义，梅雨特指农历五月的雨。“江南五月梅熟时，霖雨连旬，谓之黄梅雨”。

可以看出，这三种定义都相对笼统，是粗线条地划定梅雨的大致时段。

第四类定义，却是试图界定梅雨具体的起止日期。

但这一类定义，又分为不同的说法，梅雨的起止时间各异。

《琐碎录》:（闽人）立夏逢庚日入梅。

《神枢经》: 芒种后逢丙入梅，小暑后逢未出梅。

《平江纪事》: 吴族以芒种节气遇壬，为入梅，凡十五日。夏至中气遇庚，为出梅。

后来，历书通常是采纳《神枢经》的说法，芒种后的首个丙日入梅，小暑后的首个未日出梅。于是，以前的黄历上就印着入梅和出梅的具体日期。似乎入梅和出梅是固定的。这是人们朴素的理想。理想很丰满，但现实往往很骨感。不仅在各个地方，梅雨有早有晚，即使在同一个区域，每年的梅雨也是早晚不同，长短不一，丰枯各异。

清乾隆元年（1736）至2000年，长江中下游地区的梅雨发生规律：

平均入梅日期为6月15日，芒种二候。出梅日7月9日，小暑一候。梅雨期平均时长24天。但是，入梅最早的是5月19日，还没到小满；入梅最晚的是7月9日，已过了小暑。

最早和最晚的入梅相差50天。

出梅最早的日期是6月14日，芒种二候；最晚的出梅日期是8月5日，临近立秋。最早的出梅和最晚的出梅也相差50天。

梅雨期平均降水量226毫米。降水量最多年份高达695毫米，最少年份只有49毫米，两者相差14倍！最长的梅雨期58天，将近两个月；最短的梅雨期只有6天，还不到一周。

虽然都叫作梅雨，但入梅可以早到小满之前，可以晚到小暑之后。气候平均时长24天的梅雨，早晚可以相差50天！最长梅雨可以比最短梅雨多出52天！梅雨期降水量可以相差14倍！所以历书上的所谓入梅和出梅，只是贴近气候平均值，并不能代表每年的具体情况。

但尽管如此，它还是古代梅雨定义中最好的一个。

梅雨每年不同，有迟到的，有早退的，但是有旷课的吗？有，但确实很少旷课，在这近265年中，仅有6年是空梅，空梅率只有2%。可见，虽然有多寡、早晚、长短的巨大差异，但梅雨还是极大概率的气候事件。纵观全国，“哪个节气雨水最多”这个问题，不同区域、不同年代都有着不同的答案。但江南、华南的答案却一直没有变化，始终是芒种或夏至节气雨水最多。这就是梅雨的力量。

人们虽然厌烦阴雨，甚至忌惮梅雨，但人们更懂得，梅雨期却也正是“物长盈满”的好时节。梅雨是一种丰厚的赐予，“农以得梅雨乃宜耕耨，故谚云：梅不雨，无炊米。”人们深知“梅伏两场雨，有面又有米”的道理。“连宵作雨知丰年，老妻饱饭儿童喜”。其实大家都懂得丰沛的雨水意味着什么。一旦遇到缺斤短两的枯梅，甚至空梅，才会深知梅雨的好处。

雨热同季的季风气候，夏日正是雨、热两种极致叠加的时节。温和的天气少了，地里的庄稼悬念多了，心里七上八下的，所以经常藉由占卜和祭拜以求得安心。

《礼记》："立夏，命有司祀雨师。"《典略》："旧制求雨，太常祷天地宗庙社稷山川，已赛，如其常祭，牢礼。四月立夏旱，乃求雨，立秋虽旱不祷。求雨到七月毕，赛之。秋冬春三时不求雨。"

进入夏季，人们格外尊重司职降雨的"雨师"以及后来统管水务的龙王（既掌管水的存量部分，如河；又掌管水的增量部分，如雨）。最隆重的求雨仪式"雩祭"大多是在降水量本该最丰沛的时候。

魏晋时代的《请雨》词：

皇皇上天，照临下土，集地之灵。

神降甘雨，庶物群生，咸得其所。

这段《请雨》词的倾诉对象，是笼统的天神，相当于我们现在所说的"老天爷"。

数千年的演化，天神系统被"精兵简政"了，笃信和供奉一个总神，其他的便是世俗化或地域化的神。

从先秦到两汉，再到唐宋，自然崇拜的负责气象的神灵逐步趋于简化，原来风伯、雨师甚至雷公、电母等各司其职的"办事机构"不再细分，龙王开始进行统一的"归口管理"。就像政府的便民服务大厅，由分散设置到集中办理，某类业务在一个窗口就可以得到"一站式服务"。虽然以现代人的观点，这些都被视为迷信，但从N个天气神简化到一两个天气神，也算是一种社会进步吧。

芒种之后江南的梅雨期，在冷暖气团交战初期，暖气团往往只有招架之力，所以天气湿寒，这段天气被称为"黄梅寒"或者"冷水黄梅"。

宋代范成大《芒种后积雨骤冷》：

梅霖倾泻九河翻，百渎交流海面宽。

良苦吴农田下湿，年年披絮插秧寒。

人们穿着棉衣在田里插秧，幼嫩的稻秧在水中想必也冻得瑟瑟发抖。而且这样的天气并非小概率，人们几乎是“年年披絮插秧寒”。所以人们插完秧，心里还不踏实，于是就有了所谓“安苗”的习俗。从宋代开始，一直到清代都非常兴盛。就是稻秧栽插完毕，正好有点空闲时间，农家会特地挑选一个吉日，祈祷祭祀，祈求稻谷能够平安长大。

芒种时节，忙着收，忙着种，人们还要忙活一件事，就是应对夏天的虫、夏天的病、夏天闷热潮湿的气候。贾思勰《齐民要术》：五月芒种节后，阳气始亏，阴慝（tè）将萌，暖气始盛，虫蠹并兴……人们需要“定心气而备阴疾也”，以平和的心态来防备湿热天气可能导致的各种疾病。尤其要“使志无怒”，不要让怒气郁积于胸。

芒种时节，物候是花的凋谢，气候是雨的增多，“半溪流水绿，千树落花红”。或许正是这样的景象令人心生感慨。时光仿佛如花飘过，似水流过。但仔细想来，“不但春妍夏亦佳，随缘花草是生涯”，春有花，夏有草，随缘便好。

春日是良辰，夏日也是佳期，自是各有其美。

品味一个节气，更在于发现它的别样之美。

芒种一候

螳螂生

螳螂一物有数名，姑存其二：曰拒斧，曰天马。骧首奋臂，颈长而身轻，其行如飞，有马之象，怒臂当车，其为虫也。知进而不知退，知存而不知亡，可见其不知量也。《正义》云：『螳螂深秋乳子，至夏之时乃生。是也。亦生百子，如螽斯同。』故乃螳螂生也。

螳螂，最醒目的特征就是前肢形如刀，但并无刀锋，却有坚硬的锯齿。古人认为，芒种时节螳螂感阴气初生，于是破茧而出。在节气起源地区，芒种正是干热暴晒的时段，乃所谓“亢阳”之时，其后才有“夏至一阴生”，但螳螂却“感一阴之气而生”，这本是古人常用来形容鸟类的“得气之先”的生物灵性。

螳螂，是自然界的拟态专家，可以貌如花，可以形如竹，可以翠如夏草，可以枯如秋叶。虽被称为“饮风食露”之虫，却以蚊蝇、蝶蛾为餐。说起螳螂，自然会令人想到“螳螂捕蝉，黄雀在后”。“蝉高居悲鸣，饮露，不知螳螂在其后也”，这是仲秋时节的物候情节。但螳螂很少捕蝉，黄雀更是很少捕螳螂。“螳螂捕蝉，黄雀在后”只是寓言中的经典食物链而已。

芒种二候

鵙始鸣

鵙，搏劳，亦名百劳也。五月鸣，应阴气而动。阳气为仁义，阴气为贼害。阴气至而鵙鸣，其声鵙，故以其音名也。[一]

〔一〕原文『以』字脱。

鵙，伯劳鸟。《诗经·七月》中“七月鸣鵙”的鵙。

《毛诗正义》这样解读：《月令》仲夏鵙始鸣，是中国正气，五月则鸣。今豳地晚寒，鸟初鸣之候，从其乡土之气焉，故至七月鵙始鸣也。

“啼鵙千山暮，一年春事休”。伯劳鸟的啼叫，被视为阳气蓬勃生发的春季的结束。“春尽杂英歇，夏初芳草深”，鵙鸣之时，花事渐远。

说起鵙，人们或许陌生，但它一直“生活”在我们非常熟悉的一则成语之中，这就是“劳燕分飞”。劳指伯劳鸟，燕指燕子。

南北朝时期《东飞伯劳歌》：“东飞伯劳西飞燕。”

《西厢记》：“他曲未终，我意已通，分明伯劳飞燕各西东。”

虽然伯劳鸟现身于缠绵惜别的人文情境之中，但实际上它是一种袖珍猛禽。

《易纬通卦验》：“夏至应阴而鸣，冬至而止。”

古人认为伯劳鸟喜阴，芒种、夏至时节感阴而鸣。在所谓阴气渐盛的时节，喜阴之鸟便愈显凛凛杀气。

古人说：“百劳鸣，将寒之候。”

尚未盛夏，人们已经开始捕捉关于“将寒”的蛛丝马迹了。

芒种三候

反舌无声

反舌者，百舌鸟也。春乃鸣，能辩变其舌，反易其声，以效百鸟之鸣。五月阳气极于上，微阴起于下，感初阴之气，故反舌无声也。

节气歌谣有云："小满鸟来全。"

夏季本是百鸟争鸣的时节，但七十二候中夏季的鸟类物语却最少，皆在芒种。分别是芒种二候鵙始鸣、芒种三候反舌无声。春秋的鸟类物语多，聚焦的是候鸟之来去；冬季万物凋敝，物候线索极其有限，人们只好聚焦留鸟之生息。而长养万物的夏季，虫兽草木皆可为物候标识，所以夏季的鸟类物语便显得少了。但在古人眼中，伯劳鸟和反舌鸟是善鸣之鸟中的两类典型代表，伯劳鸟因阴气微生而啼叫，反舌鸟因阴气微生而收声。在古人的意念之中，芒种的三项物语，都是阴气始萌的预兆。

高诱《淮南子注》:"反舌能辨。反其舌变易其声,以效百鸟之鸣,故谓。反舌无声者，五月阳气极，于上微阴起，于下百舌无阴，故无声也。"所谓反舌无声，唐代学者孔颖达的说法是："反舌鸟，春始鸣，至五月稍止。其声数转，故名反舌。"

宋代《太平御览》："百舌鸟，一名反舌。春则啭，夏至则止。唯食蚯蚓，正月以后冻开则来，蚯蚓出，故也。十月以后则藏，蚯蚓蛰,故也。"在人们看来,反舌鸟是天赋异禀的口技大师,鸣声宛转,音韵多变,可惟妙惟肖地模仿众多禽鸟的鸟语,所以也称"百舌鸟"。

宋代文同《咏百舌》："众禽乘春喉吻生，满林无限啼新晴。就中百舌最无谓，满口学尽众鸟声。"但反舌鸟模仿百鸟的口技却主要在春季"炫技"，所以杜甫诗云："百舌来何处，重重只报春。"到了芒种时节，"口技大师"却蹊跷地变得沉默寡言。反舌无声，让人顿感林间肃静了许多。

宋代李光《反舌》："喧喧木杪弄新晴，羁枕惊回梦不成。任是舌端能百啭，园林春尽寂无声。"

时至仲夏，花香已逝，鸟语渐稀。

夏至

- ◆ 平均气温 26.0℃，平均最高气温 31.6℃，平均最低气温 21.2℃。
- ◆ 平均日照时数 7.2 小时，平均相对湿度 65%。
- ◆ 夏至时节，是北京最容易出现高温天气的时候。1951—2018 年，30% 的高温发生在夏至时节，其次为小暑时节（22%）、芒种时节（20%）、大暑时节（13%）。
- ◆ 北京平均每年有 8.3 个高温日，但 2017 年和 2018 年各有 22 个和 20 个高温日，其中 45% 的高温集中在夏至和芒种时节。

夏至的至，是什么意思呢？

《三礼义宗》这样说："夏至为中者，至有三义：一以明阳气至极，二以明阴气之始至，三以明日行之北至，故谓之至。"即夏至的至，一代表阳气鼎盛，二代表阴气萌生，三代表阳光直射到最北的位置。

夏至日是北半球白昼最长、黑夜最短的一天，从前也叫作"日北至"。

这一天，阳光直射北回归线，大体上就是云南红河到广西百色到广州到台湾阿里山一线。所以北回归线，也被人们称为"太阳转身的地方"。正午时分，真的是"日在中天"。平常是立竿见影，但这个时候是立竿不见影。

上古时期，人们就已经发现一年之中有这么一天，白昼特别长。《夏小正》：时有养白（日）。

所谓养，即长或永之意。也就是仲夏时，会有一年之中白昼最长的日子。

华南地区是清明时节进入雨季（常年平均为4月6日），江南地区是芒种时节进入雨季（常年平均为6月8日），而江淮地区是夏至时节进入雨季（常年平均为6月21日）。南方地区依次举行雨季的“接力赛”。

二十四节气之中，哪个节气的降水量最大？夏至！

所以夏至也被称为“水节”或者“水节气”。天上就像有个装满水的袋子，整天往下倒水。夏至东南风，当日就满坑。过了夏至时节，才会稍好一些。所以谚语说：“夏至未过，水袋未破。”没过夏至，您就很难指望雨过天晴。

人们发现，临近夏至时节不仅各地的雨水苦乐不均，就是眼皮底下，也经常是东边日出西边雨。夏雨隔牛背，一头牛可能这半边儿淋雨，那半边儿晒太阳。降水的局地性增强，山区尤为突出。所以到了盛夏时节，大家会发现《天气预报》中经常会提及“局部地区”这个词汇，说的就是降水量与众不同的个别地区。

元末娄元礼的《田家五行》中记录了这样一则故事：

前宋时，平江府昆山县遭水灾，邻县常熟却称旱。上司谓接境一般高下之地，岂有水旱如此相背之理？不准后申。其里人直赴于朝，诉诸史丞相。丞相怪问，亦然。众人因泣下而告曰：昆山日日雨，常熟只闻雷。丞相曰：有此理。悉听所陈。

交界相邻的昆山与常熟，一个是总下雨，一个是只打雷，形成旱涝的两个极端。“有关部门”的官员不知晓“夏雨隔田晴”的天气规律，以为蹊跷。昆山说的是实话，常熟也未谎报军情。直到大家哭诉详情，丞相才领悟了其中的道理。所以古时夏季占卜天气，常常更侧重自己脚下的“一亩三分地”“晴雨各以本境所致为占候”。

于是古人用“分龙雨”来解释这种蹊跷的降水现象。夏天，负责降雨的龙多了，令出多门，降雨的政策体现出很大的随意性。能不能分享到降雨，古人的措辞是“若有命而分之者”，用网友的说法，“拼的是人品”。

所谓“水袋未破”，水袋里的水，可能来自“分龙雨”，可能来自梅雨，也可能来自台风雨。常年而言，登陆中国的第一个台风的平均日期是6月27日，正值夏至时节。

数量规律：在西北太平洋和南海，平均每年有二十七个台风生成，有七八个台风在中国登陆。“命中率”大约是27%，也就是说100个台风，有27个在中国登陆。

秦汉时期，有一个常用词，指代一年之中最重要的节日，叫作“岁时伏腊”。伏日是指阴气将起，但迫于残阳而未得升，“故为藏伏，因名伏日也”。所以伏日的属性是藏伏。官府休假，民众闭门，以新麦和鲜瓜祭祖。腊日是寒甚时节，阳气将起，人们击鼓逐除残阴。腊日的喧闹是为了助力阳气的升腾。

伏与腊，是相反的岁时节日。伏静体，腊欢声。实际上，伏时之静，可以消暑；腊时之欢，可以消寒。相应的习俗，正是人们顺应气候的对策或智慧。所以盛夏的节日很少，一年当中热热闹闹的节日基本上都集中在冬天。所谓伏，就是希望人们躲避酷暑，而入伏，是夏至之后的第三个庚日，是以夏至作为参照。

《汉书》：“冬至阳气起，君道长，故贺。夏至阴气起，君道衰，故不贺。”在古代，到了所谓阴气至极的冬至，人们相互道贺。而在阳气饱满、万物方盛的夏至，却并不道贺。因为冬至虽阴气至极，但阳气开始萌生，之所以相互道贺，看重的不是实况，而是预期。同理，在古人看来，虽然阳气鼎盛，夏至阴气萌作，所以也就没有理由庆贺。

《淮南子》中有“五月为小刑”的说法。因为农历五月夏至阳之极，阴之初，即有轻微杀气。到了夏至，阳气盛极而衰，开始走下坡路了。所以人们需要做的不是庆贺，而是在饮食起居方面注意自我养护，不敢鲁莽、造次。日子最好过得慢慢悠悠、懒懒洋洋、安安静静。官员们也有专门的夏至假期，利用假期“安身静体”。虽然自汉代开始夏至便被视为一个节日，俗称“做夏至”，但总体而言，夏至节过得很低调、很平静、很谨慎。

冬至饺子夏至面。在节气起源的黄河流域地区，夏至吃面有着悠久的历史。人们感觉此时“食汤饼”，然后“取巾拭汗”，可以“面色皎然”。所谓汤饼，便类似现在的热汤面片儿。吃得大汗淋漓，边吃边擦汗，感觉面色红润。

“夏至面”，首先要有物质基础。就物候而言，黄河流域是“芒种三日见麦花”，随后“新麦既登”，夏至时节恰好可以喜尝新麦，烧麦糊、擀面饼、煮面条，特别有耕耘之后的成就感。冬至饺子夏至面，这“夏至面”是尝鲜，也是舌尖上的自我犒赏。

夏至一候

鹿角解

鹿角解。似麋而小曰鹿，情好群而比则阳类也。非独解角，尚且易毛，冬则角长而毛深，故夏至感阴生而解角。解者，陨堕也。

古人认为，鹿为山兽，属阳，“夏至一阴生”，因为感知阴气之萌生而鹿角脱落。

丽的繁体字为“麗”，可以说，鹿是美的化身，美丽的“丽”是对鹿角抽象化的美学表达。

山麓的“麓”是鹿的栖息之地，它们纵情于山水之间，因鹿奔跑而有“塵”（尘），因鹿蹚水而有“漉”。

上古时期，节气起源地区鹿随处可见，所以才能作为物候标识。山野中呦呦鹿鸣，群雄可以逐鹿中原。

欢庆的庆，繁体字“慶”，原指以敬献鹿皮略表寸心。

“冬日鹿裘，夏日葛衣”是朴素衣着的代名词。

形容怦然心动，是“心头撞鹿”。

形容怡然自得，是“标枝野鹿”。

由“麗”到“丽”，鹿已不再，这不只是文字的简化。

夏至二候

蜩始鸣

蜩，蝉也。有二种，稍分大小，寒蝉候亦见之。是月，形大而黑者即名马蝉也。一物有数名者，随地而呼之。《诗》云：『菀彼柳斯，鸣蜩嘒嘒。』蜩多托荫其上，舍卑秽而趁高洁，其禅足道也。

在古人眼中，蝉乃是一种灵物，有潜藏，有蜕变，有欢歌，有悲鸣。自土而出，归土而去，只有短暂而亢奋的鸣唱。

蝉的家族种类甚众，有数千种之多；古籍中的别称甚繁，有数十种之多。人们以蝉鸣为夏声，“蝉乃最著之夏虫，闻其声即知为夏矣”。

人们甚至认为“假蝉为夏”，即“夏”字为蝉形。古人似乎有一种崇蝉情结。

古人将“大而色黑者”的蚱蝉称为蜩（tiáo），《诗经》中便有“四月秀葽（yāo），五月鸣蜩”之说。而将“小而色青赤者”的寒蝉称为螗（táng）。人们以蚱蝉鸣夏，寒蝉鸣秋。

但实际上蝉家族并没有如此严谨的时节分工。《诗经》有云：“如螗如蜩，如沸如羹。”按照汉代学者郑玄的解读：“饮酒号呼之声，如蜩螗之鸣，其笑语沓沓，又如汤之沸，羹之方熟。”

成语“蜩螗沸羹”，便是以群蝉鸣叫，羹汤沸腾比喻环境喧闹。

蝉并无预告时令的天赋，只是感夏热而鸣。气温超过20℃始有零星的“独唱”，超过25℃始有多声部的“合唱”。

以分贝数值衡量，蝉鸣多为扰民性质的噪音。一天之中的蝉鸣通常是“接力赛”，不同时段有不同种类的蝉担任“音乐课代表”，例如中午是蚱蝉，晚上是寒蝉。

人们在鸟语喧杂、蝉声聒噪的夏天，却可修得“蝉噪林逾静，鸟鸣山更幽”之感，实为一种玄美的禅境。

夏至三候
半夏生

半夏，药草名也。言生者是药感微阴，居夏之半，应时而生，故曰半夏生也。

半夏，汉代便已为“药草”，以块茎为药，性味辛温。因为生于农历五月，时值“夏之半”，所以叫作半夏。但“半夏生”的所谓“生”，是指幼苗生而可见，还是块茎生而可采，却存在争议。

有人认为“五月苗始生，居夏之半，故为名也”。但《本草纲目》中对半夏的描述是:“生微丘或生野中，二月有始生叶……”宋代《图经本草》说的同样是仲春二月生苗，然后仲夏五月可以采块茎，但仲秋八月是最佳采收期“二月生苗一茎……五月、八月内采根。一云五月采者虚小，八月采者实大”。

半夏在生长过程中，通常会有两次“倒苗”，即枝叶的枯萎。“丢卒保车”，以保证块茎的生长。一次是在仲夏时节，因烈日而枯萎；一次是在仲秋时节，因寒凉而枯萎。而人们采收块茎正是在半夏的两次“倒苗”期间。

半夏既以块茎为药，人们自然关注的是它的块茎，所以“半夏生”意指其块茎在夏至时节生而可采，更符合物候特征和逻辑。但按照“春秋挖根夏采草，浆果初熟花含苞”的采摘理念，夏虽可采，秋则最佳。

当然，夏至三候半夏生这项物候标识，也是在借用“半夏”之名，提示人们：夏天已经过去一半了！

小暑

- 平均气温 26.6℃、平均最高气温 31.5℃，平均最低气温 22.4℃。
- 平均日照时数 6.6 小时，平均相对湿度 71%。
- 北京的雷雨季是从谷雨到秋分，年均雷暴日数 33 天，但其中 43% 的雷暴集中于盛夏时节（夏至、小暑、大暑）。

老舍先生曾在《骆驼祥子》中这样描写小暑时节："太阳刚一出来，地上已像下了火。一些似云非云、似雾非雾的灰气低低地浮在空中，使人觉得憋气。"

太阳是毒的："那毒花花的太阳把手和脊背都要晒裂。"

风是热的："他的裤褂全裹在了身上。拿起芭蕉扇扇扇，没用，风是热的。"

身体是空的："茶由口中进去，汗马上由身上出来，好像身上已是空膛的。"

天气的厉害："他才晓得天气的厉害已经到了不允许任何人工作的程度！"

古时候，消暑能力有限，面对酷热，古人似乎只有两个字，一个是逃，一个是熬。惹不起还躲不起吗？"偃仰茂林逃酷暑。"如何逃？深藏。"小暑不足畏，深居如退藏。”到林中、到水边、到寺里……躲避烈日。如何熬？熟睡。陆游有一首诗，题目就很有意思：《逃暑小饮熟睡至暮》。小饮然后熟睡，一直躲到梦里去。苏轼同样是以酣醉和沉睡的方式避一时之暑：“有道难行不如醉，有口难言不如睡。”辛弃疾更是对于避暑方式做出全面概括：“而今何事最相宜？宜醉、宜游、宜睡。”

当然，皇家的避暑，还可以选择冰。周代开始，皇家就有负责制冰的专业人士，称为凌人。盛夏开始皇室启冰、赐冰，把冰块赐予群臣，这属于“浩荡皇恩”的一部分。在清代，紫禁城内便有五座冰窖，一尺三寸见方的冰块，储冰两万五千块。紫禁城外还有十三座冰窖，储冰近二十万块。工部的都水司设有两位冰窖监督，并设有一百二十个“采冰差役”的编制。

盛夏，每日能以冷饮避暑，也算是一种“政治待遇”吧。“雪藕冰桃”，最是暑热中的宜人之物。唐代是夏至日开始赐冰，宋代是初伏日开始赐冰，明代是立夏之后陆续赐冰，清代是数伏之后陆续赐冰，历朝风俗各有不同。

清代《燕京岁时记》中说：“京师自暑伏日起，至市秋日止，各衙门例有赐冰。届时，由工部颁给冰票，自行领取，多寡不同，各有等差。”官员们按照职级高低领取不同数量的冰票。唐宋时期，冰块儿还只是皇帝赐予近臣，但到了清代，免费的冰块儿，已经算是“机关事业单位”具有普遍性的夏季福利了。

什么是暑，古人有很多种解释。比如：“暑，热也。”这几乎相当于没有解释。再比如：“暑，热如煮物也。”这个解释很形象，所谓暑，就像是在锅里被煮的感觉，相当于一种烹饪方式。但实际上，盛夏的炎热，可以分为两种经典的烹饪方式。

难以忍受的痛苦和折磨，我们常用煎熬这个词来形容。但是煎

和熱又有所不同。用古人的话说，是“近湿如蒸，近燥如烘”。一种像是在蒸，一种像是在烤。而这两种烹饪方式之间的差别，主要在于湿度的不同。湿度低的是烤，湿度高的是蒸。

小暑时节似乎是各种烹饪方式的集成。天气变化，就是由烤到蒸的转变。农历六月称为焦月。按照《尔雅》的解释：“六月盛热，故曰焦。”焦月这个称谓，是万物几乎被炎炎烈日烤焦的情景写照。六月也被称为溽月。焦月的焦，体现的是干热暴晒；溽月的溽，体现的潮湿闷热。

韩愈说“如坐深甑遭蒸炊”；陆游说“坐觉蒸炊釜甑中”。

唐代和宋代的这两位文学家不约而同地用蒸炊来形容高温高湿的天气，甑（zèng），是古代蒸饭的一种瓦器。人们如同被扣在暖气团的大笼屉里。

从气温的绝对值来说，当然是烤的温度更高。在中国，被称为“高温王”的新疆吐鲁番，就属于“烤”的典型。中国极端最高气温的纪录49.0℃，也是由吐鲁番在2017年7月10日小暑时节“烤”出来的。

虽然烤和蒸这两种炎热都很难受，但烤完全是靠烈日的暴晒，还可以在空间上躲一躲，在树荫下，在房间里，躲避烈日；也可以在时间上躲一躲，日出之前、日落之后，至少还有些许的凉爽。但蒸就完全不同，它是温度和湿度的相互加持。如果说温度是主犯，那么湿度就是弥漫在空气中的无数个从犯，成为高温天气的帮凶。即使真实温度未必有多高，但人们的体感温度却已是无法承受之高。

宋代戴复古《大热》：

天地一大窑，阳炭烹六月。

万物此陶镕，人何怨炎热。

君看百谷秋，亦自暑中结。

田水沸如汤，背汗湿如泼。

农夫方夏耘，安坐吾敢食。

天气太热了，万物仿佛是正在被烧制的陶具，整个世界就像一个大窑炉，太阳像炭火一般，盛夏（农历）六月尽情燃烧。农夫在田里耕耘，田里的水像是煮沸的，背上的汗像是盆泼。但人却没有理由抱怨，因为秋天的硕果，都是因为炎热而结实。

在盛夏时节，最能消暑的，还是午后一场来去匆匆的雷雨。但在南方，却很忌讳小暑打雷。谚语说："小暑一声雷，翻转倒黄梅。"小暑当日打雷，似乎梅雨季就又回来了。人们希望下雨，但又不希望是连阴雨。惧怕热，但又担心天气不热，作物不高兴。"人在屋里热得燥，稻在田里哈哈笑。"那还是让稻子高兴吧。

《汉书·五行志》："盛夏日长，暑以养物。"人们更在意万物之长养。对于农民而言，虽然热，但却不敢对炎热有怨言，因为大家知道地里的庄稼需要这样的热。东汉崔寔的《农家谚》中便收录了"六月不热，五谷不结"这一则农谚。两千年前来自农民的天气见解，便已体现出质朴的理性。

简而言之，小暑时节的气候特点，是"一出一入"。出是出梅，入是入伏。小暑是南方雨季和北方雨季交接、轮替的时候。长江中下游地区，梅雨逐渐结束，这里开始被副热带高压接管。

数伏，到底什么是伏呢？所谓伏，通常有两层含义：一是阴气藏伏。"阴气将起，迫于残阳而未得升，故为藏伏，因名伏日。"在古人看来，一年之中的寒暑变化是阴阳消长所造成的。夏至一阴生，夏至之后阴气开始滋生，阳气虽然已近残阳，开始衰弱了，但阴气依然无法与之抗衡。迫于残阳的余威，阴气只能隐忍、潜伏。阴气潜伏并伺机反扑的日子，就叫作伏日。所以，

伏的主体不是人，而是阴气。

伏的第二层含义，是指人。“伏者，隐伏避盛暑也。”说的是人躲在屋子里避暑。但这一层含义并非伏日最初的本意，而是源于后来人们的领悟。隐伏避暑，这是“多么痛的领悟”！人们解读“伏”这个字，是人像狗那样懒洋洋地趴着。

网络上，人们也经常用“热成狗”来形容自己在暑热天气当中的感受。英语中，形容一年里最热的日子，叫作“Dog Days”，直译过来，就是“狗的日子”或者“像狗一样的日子”。与汉语当中的伏，有点不谋而合。

古人认为酷暑是厉鬼作怪，“厉鬼行，故昼日闭，不干他事”，人们闭门静处，称为“伏”。那什么时候该“伏”呢？这就需要制订一种规范的方式，准确告诉大家什么时候是该“伏”之日，于是就有了伏日。因为它关乎人们的休戚安危，所以尽管入伏、出伏的算法非常烦琐，但也很少有人会对伏日的计算方式加以简化，将时段进行缩减。“夏至三庚数伏”的算法逐渐形成一种通识。

为什么数伏是逢庚呢？这源自五行学说。古人认为炎热的夏季属火，庚属金，金怕火，所以到了庚日，人们要像金一样藏伏。那么以古人的视角，为什么不是夏至一阴生之际就入伏呢？因为刚刚夏至时阴气太弱，对人们还构不成威胁。而入秋之后，阴气不再潜伏。暗箭难防，反倒明枪好躲。所以伏日所定义的是，阴气有了一定规模，蓄势待发的潜伏期。

现在我们把三伏当作是炎热天气的代名词，就会下意识地觉得三伏天是一年当中最热的时候。但实际上未必如此。三伏时段与全国平均气温最高时段进行对比，这两个时段只有一半儿左右的时间是重合的。

对于全国多数地区来说，一年之中最热的40天（连续），是从什么时候开始的呢？一般都是在夏至时节就开始了，要比入伏时间通常早一个节气。也就是说，三伏天并不是只关注气温这一项指标。因为七月的后半月开始，伏日习俗起源的北方地区才陆续进入雨季。气温高、湿度大，闷热的桑拿天开始盛行。它比单纯的干热暴晒更难熬。而且湿热的雨季，疫病也更容易流行。所以，或许古人是全面考量了综合体感以及雨热叠加所具有的天气风险，然后选择一个最需要躲藏起来规避风险的时段。所以三伏天，未必只是基于气温指标所作出的决策。

因为伏日的本意之一，是躲避炎热。我们用平均最高气温作为指标。比如北京连续最热的30天或者40天，比传统的三伏时段要早半个月左右，基本上横跨夏至到大暑。再比如重庆连续最热的30天或者40天，比传统的三伏时段要晚10天左右。它作为“火炉”，点火也晚，熄火也晚。所以重庆被人们称为“八月高温王”。而云南西双版纳的景洪，连续最热的30天或者40天基本是在四五月份。比传统的三伏时段要提早三个月。

其实在古代，人们就已经意识到了这个问题。官方也觉得，不同的地方可以有不同的三伏。东汉应劭（shào）《风俗通义》记载：汉《户律》云：汉中、巴蜀、广汉，自择伏日。俗曰：巴蜀、广汉，土地温暑，草木早生晚枯，气异中国，夷狄畜之，故令自择伏日也。也就是说，汉代朝廷允许南方各地依据气候环境的特点，自行选择伏日时段。这相当于气候自治。根据本地气候，制订伏日的起止时间和伏日时长，可以不同于国家的通例。

但即使这样说，在古籍之中我们并未看到各地如何“自择伏日”的记载。最大的可能，是各地并没有真的依照气候状况框定最热的

30天(或40天)作为本地的“伏日”。所以,全国统一伏日的规制,其文化意义高于气候含义。到了唐代，在伏日的设定上基本沿袭了汉制，但唐代疆土的气候差异更大。所以许多边远的地方并不遵守国家规制，但也没有形成本地的伏日风俗。

我们可以想见，一个国家设定一个三四十天的时段，人们闭门不出，躲避酷暑以及所谓厉鬼，那么社会是处于半停摆的状态。这在基本自给自足的农耕社会，或许可以成为社会的主流习俗。但在现代社会，却是无法复制的习俗。

小暑一候

温风至

温风，天地之仁气，薰然而和其气。始于东北，盛于东南，故温风始至也。四时有八风生于八方以应八节，孟春言东风，孟秋凉风，仲秋言盲风，应季夏之候，所言温风即景风也，孟春详见。八风之名异，又分四时之风，意义不远，其理一也。

在古人眼中，从夏至到小暑的最大变化，似乎是关于风的体感。全国平均而言，小暑时节是整个夏天风最小的时段。往往是干热、暴晒、静风的状态，“泉枯连井底，地热亢蔬畦”。即使有风，也是热烘烘的风，热风如焚。

《礼记·月令》云：“(季夏之月) 温风始至。”这时的风是温风，这时的云是静云，用管子的话说，“蔼然若夏之静云”。所谓温风，除了热之外，朱熹的解读是“温厚之极”的风。季风气候背景下，在人们看来，春生夏长皆得益于风的温厚。

所谓“始至”，不是初现，而是“峰值”。宋代《六经天文编》：“温厚之气始尽也，至极也。言温厚之气至季夏而始极也。”元代《月令七十二候集解》：“温热之风至此而极矣。”

也就是说，小暑时节，上苍的温厚达到了极致。

中国的气候特征是雨热同季，即雨水最多时段与天气最热时段高度叠合，阳光、雨露在这个时节都变得最慷慨，这是万物的狂欢季。古人以“温厚之极”，便概括了中国盛夏的气候禀赋。古人所说的温风，实际上是指副热带高压所带来的东南风或南风。

苏轼的诗“三时已断黄梅雨，万里初来舶棹风”，是说小暑就出梅了，海上开始吹来热烘烘的东南风，船舶可以借着风回家了。

清代《清嘉录》：“梅雨既过，飒然清风，弥旬不歇，谓之拔草风。”舶棹风，在笔笔相传或口口相传的过程中，民间称谓变成了拔草风，倒也特别形象。“赤日炎炎似火烧，野田禾稻半枯焦。”酷暑烤得秧苗枯萎，杂草枯焦，客观上起到了拔草的功效。文雅的舶棹风、通俗的拔草风，以不同的方式表述着小暑一候温风至。

小暑二候
蟋蟀居壁

《尔雅翼》云：『蟋蟀，蛩也。』是时，羽翼稍成，感凉气而居壁，非院落之壁，是处土奥之穴也。《诗》云『七月在野』火老金柔，商令初隆，此义颇贯。又谓之候虫应时而鸣，性好勇而斗狠，须致胜负而止，非虫好斗，是肃杀之气使之然也。

在人们的潜意识中，“蟋蟀居壁”似乎是因为惧怕烈日和热浪，所以蟋蟀潜藏。在古人看来，“蟋蟀居壁”的内在原因是此时蟋蟀尚小，外在原因是此时穴中体感舒适。对于蟋蟀而言，这时的所谓阴气处于可感、可适的状态。

郑玄《礼记注》:“盖肃杀之气初生则在穴，感之深则在野而斗。”孔颖达《礼记正义》:“蟋蟀居壁者，此物生在土中。至季夏羽翼稍成，未能远飞，但居其壁。至七月则能远飞在野。”等到大暑时节，蟋蟀长大了，不想再“面壁”了，而且感觉穴中阴气渐盛，于是就到野外嬉戏和争斗。

蟋蟀好勇斗狠的生物性情，都被视为肃杀之气使然。“蟋蟀居壁”这项物语，说的虽是蟋蟀，但也是“夏至一阴生”之后古人衡量阴气的一项标识。

《诗经》有云“七月在野，八月在宇，九月在户，十月蟋蟀入我床下”，描述的是蟋蟀以月为序的活动区域变化。但蟋蟀的争斗，贯穿整个秋季，所以旧时的斗蛐蛐儿被称为“秋兴”。

蟋蟀的鸣唱，也贯穿整个秋季，“尚有一蛩在，悲吟废草边”，或许这是万物最后的秋声。

蟋蟀，又名“促织”，似有催促纺织之意，秋天“促织鸣，懒妇惊”。清代《御定月令辑要》:“促织鸣，盖呼其候焉。三伏鸣者，躁以急，如曰：伏天，伏天！入秋而凉，鸣则凄短，如曰：秋凉，秋凉！”

春天布谷“催耕”，秋天蟋蟀“促织”，似乎总有热心的生灵为我们播报时令。

小暑三候

鹰始鸷

鹰始鸷，习学初攫也。二阴既起，物得气之先，杀气未肃，而鸷猛之鸟已习于击而迎杀气。故以学习攫搏，以爪取物，故曰始鸷也。

在人们看来，盛夏季节的避暑，鹰似乎比我们多出一个选择，那就是“鹰击长空”。

这时，人们特别羡慕那些能够体验“高处不胜寒”的生灵。但是，鹰反倒并没有忙于避暑，而是忙于学习。“鹰始鸷（zhì，凶猛）”，也作“鹰乃学习”。

《礼记注》：“鹰学习，谓攫搏也。”老鹰，是演示捕食之技；幼鹰，是练习捕食之技。总之，是着眼于季节变化的实战演习。

在人们看来，此时的鹰变得异常凶猛，杀气乍现。凶猛，只是一种表象，深层次的原因是鸟类的居安思危。在长养万物的盛夏，有的在疯长，有的在欢唱，而鸟类已经“未雨绸缪”，超前地开始做过冬的准备了。鸟类对于时令变化的预见天赋，被称之为“得气之先”。

在古人看来，小暑三候“鹰始鸷”是肃杀之气将起的物化标识。

大暑

◆ 平均气温 26.7℃，平均最高气温 31.1℃，平均最低气温 22.9℃。

◆ 平均日照时数 5.8 小时，平均相对湿度 75%。

◆ 这是北京湿度最大、昼夜温差最小的节气，是最容易上演桑拿天连续剧的节气，也是云量最多、云层最浓密的节气。

◆ 1743 年（清乾隆八年），北京曾遭遇"超级酷暑"，史料中多冠之以"热灾"。1743 年 7 月 25 日最高气温为 44.4℃，这一纪录至今未被打破。

古时候没有数据化的温度概念，气象记录中如何来描述天气炎热呢？最简洁的是"亢阳"或者"大热"，也就是阳气太盛，天气太热，但无法体现具体的炎热程度。最常规的记录语，是"骄阳似火"或"火伞高张"，以及炎热的后果：暍（yē，中暑）死者甚众。此外，大热为焚、热如熏灼、墙壁如炙（zhì，烤）、地热如炉、椅席炙手等多是以比喻的手法进行记录。大地像火炉一样，热得像着了火一样，摸哪儿都烫手。

用唐代诗人权德舆的说法，是"倦眠身似火，渴歠（chuò，饮）汗如珠"，是"悸乏心难定，沉烦气欲无"。唯一的办法，是期待降雨，"何时洒微雨，因与好风俱"。

宋代诗人梅尧臣《和蔡仲谋苦热》节选：

大热曝万物，万物不可逃。

燥者欲出火，液者欲流膏。

飞鸟厌其羽，走兽厌其毛。

盛夏时节，真是热得无处逃避。柴能燃出火，汤能熬成膏。鸟都嫌弃自己的羽毛，兽也嫌弃自己的皮毛。

一次与一位美国籍的同事聊起英语中形容盛夏闷热天气的词汇，她说：

比如 muggy，就是潮湿闷热。

比如 sweltering，形容热到让人浑身没有力气。

比如 stuffy，形容天气闷热所导致的一种窒息感。

再比如 sticky，形容闷热使人大汗淋漓，浑身发黏。

还有 Scorching，灼热的；torrid，燥热的；stifling，形容并不潮湿但空气不流通的炎热；roasting，形容像烤一样的热；boiling，滚烫的热。

然后她问，你们怎么形容盛夏的热。我说网上曾经有一个题目：用一句话，形容你那里的天气有多热。

网友们是如何形容炎热的呢？

打败我的，不是天真，是天真热！

空气就像炸锅了一样！

我和烤肉之间，只差一把孜然！

别看我，我在冒烟呢！

整座城市就是一个露天烧烤摊儿！

指甲缝里都能憋出汗来！

这哪儿是凉席呀？这明明是电热毯嘛！

所以，总结起来，就一句话，而且是让古人羡慕、嫉妒的一句话：我这条命，是空调给的！

当然，人们能够在最炎热的时候，以诙谐的方式调侃炎热，也

是一种洒脱。当然，或许是空调和冷饮给了人们可以洒脱的底气。在北方地区，大家还经常争论小暑大暑谁更热，因为大暑时节北方进入雨季，所以气温反倒没有小暑的时候那么高了。但在南方地区，几乎没有什么好争论的，大暑是无可争议的高温冠军。而且现在的高温，越来越多的是那种提前开始、延后结束的“超长待机模式”。

宋代诗人杨万里写过一首苦热的诗，说刚刚仲夏，长江边已是“吾曹避暑自无处，飞蝇投吾求避暑”。人们往往觉得长江边无暑气，很凉快，宋代洪适《渔家傲》曰：“六月长江无暑气”，误以为这里几乎没有酷暑。但实际上并非如此，杨万里用自己亲身的体验告诉人们，“人言长江无六月，我言六月无长江”，因为“日光煮水复成汤”。三月时一池春水，七月时一池热汤。在烈日的烘烤下，是如同热汤一般的暑热。长江边反而更容易造就“火炉”。

在没有气温量化观测的古代，人们是如何来衡量暑热谁大谁小呢？正是以湿度的高低。高温、高湿的桑拿天，才是暑热的最高境界。同样用杨万里的话说，那是“夜热依然午热同”的暑热。

李白《夏日山中》：

懒摇白羽扇，裸袒青林中。

脱巾挂石壁，露顶洒松风。

即使是大诗人李白，也曾在山林之中赤身裸体，一任清风消暑。所以，大暑时节，还能够衣衫清新，服饰整洁，特别值得点赞！谚语说：“伏天无君子。”伏天把人热得已经顾不得衣冠，顾不得那么多的风度和礼数了。真的是：“大暑龌龊热，伏天邋遢人。”当然，天气可以龌龊，但人最好不要邋遢，至少不要把天气当做邋遢的理由。

在古代，人们苦于盛夏。虽然崇尚自然的消暑方式，但往往还是忍不住“食寒饮冷”。

大暑时节什么最畅销？“初庚梅断忽三庚，九九难消暑气蒸。何事伏天钱好赚，担夫挥汗卖凉冰”。三伏天还是冰块儿最畅销。宋代《岁时广记》中记载唐代盛夏时冰块之紧俏：“长安冰雪至夏月则价等金璧。每颁冰雪，论筐，不复偿价，日日如是。”虽然我们的意念之中，古人是以凉亭、树荫、蒲扇、清茶的方式消暑，但实际上很多人往往也是和现代人一样嚼冰块儿，喝冷饮。

唐代诗人李群玉《文殊院避暑》：

赤日黄埃满世间，松声入耳即心闲。

愿寻五百仙人去，一世清凉住雪山。

有人甚至恨不得梦想着一生一世都居住在雪山之中。

我们常说“小暑大暑，上蒸下煮”，但一般人体验到的只是“上蒸”，农民们感受到的才是“上蒸下煮”。因为“田水沸如汤，背汗湿如泼”。农民们站在水田里，就像站在一锅热汤里。下面被热汤煮着，上面被热气蒸着，汗流得像水泼的一样。而且人们还觉得大暑就应该是这样的天气。

明代《农政全书》汇总了盛夏理当炎热的各方说法。谚云：“六月不热，五谷不结。”老农云：大抵三伏中正是稿稻天气，又当下壅时最要晴。晴，则必热故也。《月令》云：“季夏行秋令，则丘隰水潦禾稼不熟，正此谓也。”

不是农民们不怕热，而是因为秧苗们怕不热，因为“大暑不暑，五谷不鼓”。而且人们发现“大暑热不透，大热在秋后”，反正早晚都要热，那还是在秧苗们长身体的时候热一点吧。相比之下，农民们对于盛夏的酷热反倒有着一份淡定的理性。

当然，大暑时节北方雨季之时，南方却更渴望雨水，正所谓“小暑雨如银，大暑雨如金”。

对此，《农政全书》也做了一番解读：“夏秋之交，稿稻还水后，喜雨。谚云：夏末秋初一剂雨，赛过唐朝一囤珠。言及时雨绝胜无价宝也。”但南方即使有降水，也往往难消暑热，“时暑日烈，其水之热如汤”。曾经有网友问：为什么气象台发布暴雨预警，同时还发布高温预警？另一位网友答：可能下的是开水！

如果把夏天分为上下半场，那么上半场是干热，下半场是湿热。它们代表了两种不同的“烹饪风格”：干热是烤、是炒，湿热是蒸、是煮。而蒸和煮的特点，第一是要加水，第二要盖上锅盖。而“土润溽暑”所代表的闷热，恰好体现了这两个特点。盛夏时节，强大的副热带高压好像一个严严实实的大锅盖，把大家都罩在“副热带高压锅”里。炎炎烈日之下，如果缺水了怎么办？“大雨时行”，时不时地来一场热对流降水。雨倒是下了，但似乎一点儿都不凉快，倒相当于热锅里又加了一遍水。什么时候才能好一点儿呢？北方是期待立秋“凉风至”。南方更晚，要一直等到白露时节“玉露生凉”。

唐代末年一位佚名诗人的一首诗，写的就是我们该如何看待夏天：曾过街西看牡丹，牡丹才谢便心阑。如今变作村园眼，鼓子花开也喜欢（鼓子花，即牵牛花）。牡丹虽好，但它只属于春天。季节各有其美，我们同样可以欣赏牵牛花以及牵牛花开的夏天。

在令人烦躁的盛夏，要有这样一种不焦虑、随遇而喜的心态。

当然，这很难。所以经常有网友说：谁跟我说“心静自然凉”我跟谁急！一位网友说：这个时候劝人喝热水，都可能挨揍！当然，这是调侃。

我特别喜欢作家冯骥才先生的散文《苦夏》。他说他喜欢“撑着滚烫的酷暑”写作，甚至夏天“汗湿的胳膊粘在书桌的玻璃上”

的那种感觉都很美妙。他觉得夏天时的枯涩与艰辛胜过春之蓬发、秋之灿烂、冬之静穆。他说，女人的孩提记忆散布在四季，男人的童年往事大多在夏天。与昆虫为伴的快乐童年，根本不会感到蒸笼般夏天的难熬。唯有在艰难人生里，才体会到苦夏滋味。快乐把时光缩短，苦难把岁月拉长。苦夏不是无尽头的暑热折磨，而是顶着烈日的坚忍本身。人生的力量全是对手给的，强者之力，最主要的是承受力。

从这个意义上说，我们夏热冬寒的鲜明四季，锤炼了我们的坚韧。气候的张力，造就了我们的意志力。

大暑一候

腐草为萤

萤，一物数名：曰丹良，曰夜光，曰宵烛，曰萤火。《正义》云『萤能夜飞』，君子小人可谓之即蛁。《击壤》云：『龙不冬跃，萤能夜飞，君子小人而名有时。』是月，腐草感暑湿之气而为萤。蔡氏云：『萤不复为腐草，故不称化。』而言变也。

所谓“腐草为萤”，是“腐草感暑湿之气而为萤”的简称。

古人认为草衰败和腐烂之后，生命的运化在继续。稻秆能变成蟋蟀，麦秆能变成蝴蝶，靡草腐烂之后能变成萤火虫。

但真实的情况是，因为萤火虫在枯草上产卵，湿热的大暑时节，萤火虫卵化而出。

当然，我们无须苛责。即使在古代，这或许也只是一种无关真实的文化表达而已。就像在英语之中，有人将萤火虫很写实地称作glowworm（发光的虫子），有人将萤火虫很写意地称作firefly（火在飞），这是一样的道理。

蝉，盛夏时的发声昆虫，是雄蝉唱，雌蝉听。而萤火虫，盛夏时的发光昆虫，雌雄是你有你的光，我有我的亮，雌虫的荧光更耀眼。萤火虫密集之处，树都仿佛成了圣诞树。

萤火虫是两千多种能发出荧光的昆虫总称。在盛夏雨后的夜晚，萤火虫星星点点，没有星辰璀璨，却比星辰梦幻。流萤之美，以大暑为最。只是，现在萤火虫是越来越少了，这也成为很多人关于童年的乡愁的一部分。

大暑二候

土润溽暑

润溽，涂温也。俗云『溽暑』即蒸湿之义，此时流金烁石，喻如阳极而阴生，天将雨而石础润。《素问》云：『土热而生暑湿。』唐诗云：『南州溽暑醉如酒』是炎蒸之气，土为火所蒸，故润，火不胜水而反辱也。

《易纬通卦验》对"土润溽暑"的解读非常通俗:"暑且湿"。湿热。盛夏季节的热，有干热和湿热之分。如果我们仅仅对比气温，就会发现小暑和大暑两个节气相差无几。那为什么一个叫作小暑，一个称为大暑呢?

差别就在于湿度。所谓土润溽暑，就是现在所说的高温高湿的桑拿天儿。

溽暑，便是那种湿漉漉的闷热。湿气，好像是从地里、从树上冒出来的。谚语说:"大暑到，树气冒。"

大暑，之所以能够被称为大暑，不仅在于气温，更在于湿气蒸腾的闷热，所以"大暑前后，衣衫湿透"。

热，由干热的"烧炽"到湿热的"蒸郁"。换句话说，原来是火辣辣的热，大暑时节变成了汗津津、黏腻腻的热。天气又湿又闷，感觉是脏气弥漫，所以这种湿热，也被称为"龌龊热"。

有一次看电视剧《三国演义》，诸葛亮向鲁肃讲述春夏秋冬的特点，秋天的特点是"雷始收声"，不打雷了。冬天的特点是"虹藏不见"，看不到彩虹了。春天的特点是"雾霭蒸腾"，冰雪消融之后湿气弥漫。而夏天的特点就是"土润溽暑"。实际上是电视剧梳理了原著中诸葛亮对于气候规律的认识，然后做了一个集中的表述。而大暑时节，正是夏季的"土润溽暑"达到极致的时候，而且是所谓"溽暑昼夜兴"。

对于北京而言，1951—1980年，最低气温超过25℃的所谓"热带夜"，平均每年只有1.5天。而进入21世纪，已升至12.6天(2011—2018年)，仅大暑时节便为5.0天，不得不开空调睡觉的闷热夜晚正在变为常态。

大暑三候 大雨时行

此月，大雨流水，潦畜于其中，大雨不云『降』而云『时行』者，止是下耳。大雨行于所烧田中。是月，可止水渍之，乃壅粪使田之美也。时行，以时而行，犹通也。故曰大雨时行也。

大雨时行，按照中国最早的岁时典籍《夏小正》的说法，是“时有霖雨”。不是浮皮潦草的雨，而是酣畅淋漓的雨。

苏轼的诗“黑云翻墨未遮山，白雨跳珠乱入船；卷地风来忽吹散，望湖楼下水如天”所描述的便是翻腾的积雨云造成的一场“霖雨”。

南方的大暑时节，是在副热带高压的掌控之下，伏旱盛行，所以谚语说“小暑雨如银，大暑雨如金”。除了台风雨之外，便是午后的热对流降水。但下的时间短反而会加重闷蒸感。下的时间长一些，才能暂时纾解暑热。

《礼记正义》：“大雨应时行也。行，降也。”本为同义词，但不说是降雨，偏偏说是“时行”，意在凸显降雨的急促与飘忽。

《孟子》中说的“油然作云，沛然下雨”指的便是大暑时节的“大雨时行”，雨后“则苗勃然兴之矣”。

《礼记注》：“至此月大雨流水潦，畜于其中，则草死不复生而地美可稼也。”

在人们看来，“大雨时行”既是解渴的雨，也是提升肥力的雨。盛夏之时，蒸发量大，作物需水量也大，往往“五天不雨一小旱，十天不雨一大旱”。谚语云：“冬旱无人怨，夏旱大意见。”所以，感谢“大雨时行”。

大暑时，正是二十四节气起源地区一年一度的短暂雨季。大暑期间的降水量为全年总降水量的四分之一左右。所以谚语说“小旱不过五月十三，大旱不过六月二十四”。人们觉得农历五月十三是关公磨刀日，农历六月二十四是关公生日，老天爷总得看在关公的面子上，以雨水普济众生吧。而从气候上看，前者是雷雨多发时，后者是全年主雨季。

因为雨水在时空分布上的极度不均衡，所以平时贵如油，多了又发愁。北京的雨季，被称为“七下八上”（七月下旬至八月上旬），

20 世纪 50 年代降水量占全年的 32%，所以经常把人折腾得七上八下的。但随着气候变化，北京的雨季不再经典了，21 世纪初降水量只占全年的 18%，降水在大暑时节的阵地战，变成了在夏秋季节的游击战。

1951—1970 年北京大暑时节的平均雨日为 10.4 天，2011—2018 年只有 5.5 天。反倒是小暑、立秋更容易"大雨时行"。北京最多雨的节气，也由大暑提前到了小暑。如果按照物候描述的方式，南方的春雨称为桃花雨、杏花雨，江南的雨季称为梅雨，南方的秋雨，称为桂花雨、豆花雨。那么北京的雨季可以称之为槐花雨。

曾经有一部描写北京故事的电视剧，叫作《五月槐花香》。但初夏五月开花的是洋槐，清代才落户于此。而盛夏七月开花的是国槐，它才是真正的"老北京"，也是北京的市树。

槐树的花儿，淡绿色或玉白色，若串串念珠。盛夏时节，花随雨落，雨有槐香。所以北京经典的大暑情节，便是雨后的"满地槐花满树蝉"。

秋

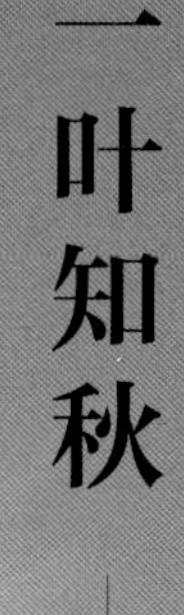

一叶知秋

立秋

◆ 平均气温 25.6℃、平均最高气温 30.7℃，平均最低气温 21.6℃。

◆ 平均日照时数 6.8 小时、平均相对湿度 73%。

◆ 现在的立秋，却往往热过从前的大暑（20 世纪 70 年代北京大暑时节平均气温 25.5℃）。北京气候平均末次高温由小暑时节（7 月 14 日，1951—1980 年）逐渐推延到了立秋时节（8 月 11 日，2009—2018 年）。

什么是秋？

南北朝时期《三礼义宗》："七月立秋，秋之言揫（聚也），缩之意。阴气出地，始杀万物，故以秋为节名。"古人认为，立秋时阴气结束"闭关修炼"的阶段，开启了肃杀万物的进程。元代吴澄《月令七十二候集解》："秋，揪也，物于此而揪敛也。"所谓"揪敛"，本意是抓住。引申的意义是，到了这个季节，天地趋于收敛，万物渐次成熟。

文人的说法很晦涩：揪敛，但农民的做法很浅显：揪。

这个时候的作物是：

立秋一过处暑临，棉花如雪谷如金。

立秋核桃白露梨，寒露柿子红了皮。

于是，谚语说：

"立了秋，一起揪。"

“立了秋，一把半把往家揪。”

“立了秋，小粮小食往回收。”

秋天确实是从“揪”开始的。扌＋秋＝揪。可见秋天是一个需要动手的季节，有勤劳的手，才有丰厚的收。

在季节体系当中，春夏是气温的上升期，秋冬是气温的下降期。夏秋交替的标志是气温下降。而最直接的体感，是立秋凉风至。是风，为我们送来些许清凉、干爽的感觉。对于苦熬盛夏的人们来说，大家希望凉风至，而且希望凉风如期而至。所以内心默默地祈祷“凉风有信”，凉风一定要恪守信用，遵从气候规律，千万不要迟到。

从前在北方，人们是“立了秋，扇子丢”，“处了暑，被子捂”，然后“白露身不露”，到了寒露时节，是“冷得扛不住，翻箱找衣裤”，就连新闻播音员都在节目中呼吁人们“尊重降温”，说“秋裤及腰，胜过桂圆枸杞”。但南方还远远不行，南方往往“小暑大暑不算暑，立秋处暑正当暑”，立秋处暑依然在播出着“小暑大暑，上蒸下煮”连续剧的续集。立秋尚未秋，末伏仍是伏，不能身在伏中不知伏。

在南方，谚语说：“立秋末伏，鸡蛋晒熟。”稻田里的泥鳅都可能被烈日晒死，所以立秋也有“煎秋”之说。而且这样的天气很具有持续性，在副热带高压的笼罩之下，伏热盛行。谚语说：“立秋十八曝。”很可能是连续半个多月的暴晒。

通常每年的“七下八上”（七月下旬到八月上旬），是全国多数地区的最热时段。“七下八上”，经常把人热得七上八下的。

立秋，是揪着最热旬的尾巴来到我们面前的，依然承袭着暑热的本色。虽然谓之“秋”，但立秋却是二十四节气中仅次于大暑小暑的第三热节气。即使在南方，立秋前后人们也总能从细微之处捕捉到秋天将至的一点征兆，仿佛是秋天正式播出前的“彩排”，小规模预演。

梧桐满院绿荫连，引得新凉到枕边。

细雨斜风几番过，预先十日作秋天。

清代《清嘉录》记载，在江浙一带往往是“立秋前数日，罗云复叠，细雨帘织，金风欲来，炎景将褪，谚云：预先十日作秋天”。但遗憾的是，在气候变化背景下，现在经常是凉风无信，经常是错后多日才秋天。

清代《清嘉录》：“自是（立秋）以后，或有时仍酷热不可耐者，谓之秋老虎。”从前，人们将立秋之后的炎热天气，称为秋老虎。如果现今仍以立秋作为界定秋老虎的时间节点，那么立秋时节南方几乎遍地是老虎。即使在北方，冷空气也只能偶尔做一次“打虎英雄”。人们往往会有这样的感触，春暖之后没多久，炎热的天气便尾随而至。但长夏之后，秋凉却是缓缓地甚至“偷偷地”降临。可谓轰然入夏，悠然入秋。

春夏交替快，夏秋更迭慢，季节变换的节奏有着鲜明的差异。夏来如山倒，夏去如抽丝。

古人觉得“秋期如约不须催，雨脚风声两快哉”，你根本不用催促秋天，它随着风雨，很爽快地如约而至。但现在不一样，秋期违约，催亦无果。

从20世纪70年代至21世纪初这短短30多年的时间，季节更迭的时间变得十分错乱。以北京为例：

入春日期20世纪70年代是4月7日，21世纪初是3月24日，提前14天；

入夏日期20世纪70年代是6月7日，21世纪初是5月16日，提前21天；

入秋日期20世纪70年代是9月3日，21世纪初是9月15日，延后12天；

入冬日期20世纪70年代是10月26日，21世纪初是11月2日，延后6天。

除了冬季来临的时间相对准时之外，其他的换季时间都存在非常严重的“违约”现象。

从前，民间盛行立秋占卜，套用专业术语，就是以立秋日作为推测后续天气气候的“初始场”。比如占卜冷暖，即推测秋冬季节是偏冷还是偏暖。清代《清嘉录》：“土俗以立秋之朝夜占寒燠。”根据立秋的具体天文时刻来占卜。

早在东汉，崔寔的《农家谚》中就收录了“朝立秋，凉飕飕，夜立秋，热到头”的说法。

后来，词句稍有改动，最著名的说法就是“早立秋，凉飕飕；晚立秋，热死牛”。这个说法有两种解释：

第一种解释是，立秋准确的天文时刻在早上还是晚上，叫作“此于一日之早晚辨立秋也”。以中午十二点为界限，之前的是早立秋，之后的是晚立秋。

第二种解释是，立秋在农历六月还是七月，叫作“此于两月之间分立秋之早晚”。如果在农历六月就是早立秋，七月就是晚立秋。

这两种解读，在古代都流传甚广。按照立秋的天文时刻来判断年景的，有谚语云：“亮眼秋，有得收；瞎眼秋，一齐丢。”是说白天立秋收成好，晚上立秋收成差。按照立秋的农历时间判断年景的，有谚语云：“七月立秋慢悠悠，六月立秋快加油。”是说如果立秋在农历七月，秋收问题不大；如果在农历六月，就要更勤快。

从前在沿海地区，有谚语云：“六月秋，紧溜溜；七月秋，秋

后油。”是说如果立秋在农历六月，冬天来得早，讨海的人要及早歇息。如果立秋在农历七月，入冬较晚，还可以继续讨海多赚些“油水”。此外，还有以立秋日的农历日期来作为判据的，“公立秋，凉悠悠；母立秋，热死牛”。日期是单数为公立秋，双数为母立秋。当然，人们会综合N个判据来进行推测，思路有点像现代天气预报中的“集合预报”。

立秋时的天气应当是什么样的呢？如果从降温的角度看，“秋前秋后一场雨，白露前后一场风”。降水，无疑是削减暑气的神器。否则的话，“立秋不落雨，二十四只秋老虎”。而从农事的角度看，不同的人，有不同的答案。

有人希望下雨：

立秋无雨甚堪忧。

立秋无雨是空秋，庄稼从来只半收。

立秋有雨样样收，立秋无雨人人忧。

有人希望晴天：

立秋难得一日晴。

立秋晴一日，农夫不用力。

公秋母白露，豆子压断树（公秋，指立秋晴；母白露，指白露阴）。

人们对于天气的不同好恶，与其种植作物的类别及生长期相关。如果是立秋时临近收割的作物，人们希望晴暖天气加速黄熟。而如果是立秋时尚在生长的作物，人们希望能有充足的雨露滋润。

希望立秋时最好要下雨，处暑时最好别下雨：

立秋落雨，收；处暑落雨，丢。

立秋无雨甚堪忧，万物从来一半收；处暑若逢天下雨，纵然结果也难留。

立秋下雨人欢乐，处暑下雨万人愁。

例如南方的水稻，在立秋时，正是长身体的阶段，要用充沛的雨水喂饱它。在处暑时，水稻陆续抽穗扬花结实，如果连绵阴雨，花粉被浇落，便影响到收成，而且很容易腐烂。可见，人们对于天气的态度，完全是作物对于天气的态度。

在古人眼中，每个季节，无论严还是慈，其实都是上天对于万物的悲悯。春天，护佑万物复苏；夏天，纵容万物成长；秋天，催促万物成熟；冬天，强制万物休息。

《说文》：秋，禾谷熟也。

《释名》：（秋）緧迫品物，使时成也。

所以从表象上看，秋天是禾谷成熟的季节。而从本质上看，秋天，是集四季之大成者。所以秋，也是年的代名词，如“千秋万代”。

就物候而言，秋天是收获的季节。就气温而言，秋天是酷暑之后的宜人季节。所以人们对于秋天，有着格外的偏爱。初秋时节迎秋，中秋时节赏秋，深秋时节辞秋。古时候，秋天有这样几项仪式：

第一，立秋之日迎秋，是天子亲自率领三公九卿诸侯大夫一起到西郊去迎候秋天的到来。

第二，立秋时节，作物陆续成熟，“农乃登谷”，天子品尝新谷之前要将刚收获的新谷供奉给先祖。

第三，如果立秋之后天气依然炎热，即我们现在所说的秋老虎天气，仲秋之时还要举行仪式驱除暑热，让秋天真的像秋天。因为这是在驱除阳气，所以“天子乃难，以达秋气”，必须由天子亲自操办仪式。古人认为“阳者君象”，诸侯以下的人没有资格驱除阳气。春夏之交的时候“毕春气”，是由巫师操办。但“达秋气”，只能由天子操办。可见，迎接清秋之气，是四季之中的最高礼仪。

第四，做秋社，报答神灵护佑，欢庆五谷丰登。

综上，入秋之后的四项仪式：一是迎秋节，二是荐秋成，三是达秋气，四是做秋社。

古时的秋社，原本是在秋分前后，是立秋后的第五个戊日，后来提前到农历七月十五，以祭祀田神的方式，延续着秋社的古意。《清嘉录》：“中元，农家祀田神。各具粉团、鸡黍、瓜蔬之属，于田间十字路口再拜而祝，谓之斋田头。”韩昌黎诗：“共向田头乐社神。”《周礼疏》云：“社者，五土之总神，又为田神之所依。”则是今之七月十五之祀，犹古之秋社耳。

有人是立秋避秋。因为立秋时还很热，人们也累到“立秋处暑，凭墙着裤”，累到穿裤子的时候都站不稳，得靠着墙。当然，立秋避秋算不上是节日，只是擦擦汗、歇歇脚、透透气、定定神儿的休息日。

有人是立秋赶秋。所谓赶秋，既是感恩神灵护佑的答谢会，也是秋收之前的动员会，更是春夏大忙之后的狂欢节。赶秋的农事背景，是水田、旱地的作物已经黄熟，年景好坏已成定局。

《诗经》有云：“与我牺羊，以社以方。”社和方，是古代礼天敬地礼仪中最重要的两类。方，由官府操办，而社，真正兴盛于民间。所谓方，是在郊外迎候四时之气。所谓社，指春社、秋社。也就是说，春天和秋天除了迎候之外，春天要祈求，秋天要报答。春天祈求风调雨顺，这是人们趋利的本能。相比之下，秋天报答五谷丰登，更能体现出人们的敬畏和感恩。

而且人们需要做到“有年瘗（yì）土，无年瘗土”，也就是无论丰歉，都要祭拜。不能丰收了，心存感恩；歉收了，心生怨念。“有年祭土，报其功也；无谷祭土，禳（ráng）其神也”，丰收之祭，是为了报恩；歉收之祭，是为了消灾。

在没有气温计量标准的古代，人们是以什么方式感知秋天的降临呢？《淮南子》曰：“见一叶落而知岁之将暮，睹瓶中之冰而知天下之寒。”人们是以“一叶知秋”的理念，通过这个看似微小的细节窥见夏秋交替。“山僧不解数甲子，一叶落知天下秋。”现在日本也还在沿用入秋的这种仪式感，名字叫作“桐一叶”。当然，“一叶落而知天下秋”是基于当时人们的眼界，以为天下同秋。现在我们知道，有些地方一年之中并没有秋天。即使有秋天，各地也并非同时入秋。

“立秋日，太史局委官吏于禁廷内，以梧桐树植于殿下，俟交立秋时，太史官穿禀奏曰：秋来！其时梧叶应声飞落一二片，以寓报秋意。”按照宋代《梦粱录》的记载，立秋节气那一天，有一个官方的“报秋”仪式。太史官在宫廷内高声奏报：“秋天来了！”说话之间，梧桐的叶子像“托儿”一样很乖巧地落下一两片。梧桐落叶，是官方认可的秋季来临的物化标志。正所谓“秋凉梧堕叶，春暖杏开花”。不过对于梧叶报秋这件事，一直有人觉得很疑惑，梧桐树的叶子怎么会那么配合太史官呢？为了营造报秋的仪式感，或许太史官和梧桐树事先做了什么私下约定吧。

宋代《东京梦华录》：“立秋日，满街卖楸叶。妇女儿童辈，皆剪成花样戴之。”宋代《梦粱录》：“（立秋日）都城内外，侵晨满街叫卖楸叶，妇人女子及儿童辈争买之，剪如花样，插于鬓边，以应时序。”既然一叶落是新秋降临的物候标识，于是人们买楸叶，剪楸叶，然后戴在头上，算是迎接秋天来临的一种行为艺术。

立秋的众多食俗中，除了食用生津润燥之物外，大多与防范痢疾、腹泻这些秋季常见病相关，这体现出人们的前瞻意识。人们也常用红纸写下“今日立秋，百病皆休”贴在墙上，希望这个秋天不是“多事之秋”。但很多习俗都是以“据说”作为起源和依据的，有很多说辞、原理未必准确。就如同老奶奶对小娃娃说：“不好好吃饭，大灰狼就会来抓你！”只是为了求得一个结果而编造的善意谎言。如网语所言：认真你就输了！

关于立秋的另一个饮食习俗，便是“立秋贴秋膘”。从前是因为夏天天气太热，夏天的农活儿也太累，消夏的能力有限，常常让人热得没有食欲，也没有睡意，所以日渐消瘦，没精神也没力气。立秋之后，得多一点油水，赶紧找补回来。这一天，即使是普通人家，也会吃炖肉。烧排骨、炖肘子、白切肉、红焖肉、肉馅饺子、炖鸡、炖鸭、红烧鱼等，尤其要给壮劳力补补身子。但是现在，夏天本来就没减，秋天还要继续加。膘，贴上去容易，要想“摘”下来可就难了。

从前在立秋时节，还有一项与天气有关的风俗，就是立秋占卜。这相当于在刚刚入秋之际，掐算整个秋季的收成，甚至来年的年景。宋代《岁时广记》：“立秋日天气清明，万物不成。有小雨，吉；大雨，则伤五谷。”有人认为立秋这一天，“天气清明，万物不成”，晴天不好。“多风落稻”，刮大风更不好。“大雨则伤五谷”，大雨也不好，最好下雨，但最好下小雨。而且下雨还不要打雷，“雷打秋，高地只半收，低地水漂流”。立秋打雷容易出现洪涝。这分寸，老天爷可真不好掌握！

有人觉得打雷不好，“雷鼓立秋，五谷天收”，快到手的收成可能被老天爷给没收了，但也有人认为“雷震秋，禾多收”，立秋打雷反而是预兆丰收的好兆头。不过总体而言，立秋时节的降雨还是一件好事情。无论是水稻还是大豆、玉米、棉花，大家对雨水都有着旺盛的需求。谚语说：“立秋三场雨，秕（bǐ）稻变成米。”

清代《帝京岁时纪胜》：“秋前五日为大雨时行之候，若立秋之日得雨，则秋日畅茂，岁书大有。谚云：骑秋一场雨，遍地出黄金。”

立秋一候

凉风至

凉风，西风也。则天地之仁气散矣。仁者，和也，凉未至于寒，特为寒之征而已，故于秋言凉风至。至者，到也。

凉风至，也作“盲风至”。唐代学者孔颖达曰：“秦人谓疾风为盲风。”后世也以“盲风怪雨”形容疾风骤雨。但对于大多数地区而言，立秋凉风至，未必是指一俟立秋便疾风大作，转瞬清凉，成为熬暑之人的解救者。所谓凉风，只是西风的代称而已。且不说南方“立秋处暑正当暑”，即使对于北京而言，立秋时节白天的气温其实与大暑相差无几（平均最高气温只相差 0.4℃）。

但立秋时节最突出的变化，是盛行风转为来自干燥内陆的西风，能让人隐约有一点久违的干爽感觉，对于苦夏已久的人们而言，似乎感受到了来自上苍的一份赦免之意。为了让秋天来得更具仪式感，人们于是将凉风奉为立秋的图腾。

立秋的气候标识是“凉风有信”，物候标识是“一叶知秋”。因风而气凉，因风而叶落。

清代光绪帝的诗《秋意》：“一夕潇潇雨，非秋却似秋。凉风犹未动，暑气已全收。桐叶碧将堕，荷花红尚稠。西郊金德王，武备及时修。”他写出了从夏令到秋令之间一种微妙的分寸。

“凉风犹未动”，虽然不满足“立秋凉风至”的物语，“桐叶碧将堕，荷叶红尚稠”，也不满足“一叶知秋”的物语，但一番夜雨，已然神似秋天。

即使没有冷气团爆发所带来的凉风，冷暖气团对峙时冷气团的渗透也可以营造秋意。一场夜雨，便在这将秋未秋的时候，令暑气收敛。

立秋二候

白露降

白露降。白者，金之象，春露则生，秋露则杀。故言白露降。降即下也。

立秋二候白露降中的所谓白露，并不是白露节气的露水。

远非“阴气渐重，露浓色白”的仲秋，立秋的“白露降”，只是初秋时节的薄雾蒙蒙。

在古人看来，立秋“白露降”，是“茫茫而白者，尚未凝珠”，这似乎是白露的雏形。之所以特地称之为白露，“降示秋金之白色也”，只是为了突出白色是秋天的标准色而已。

初秋的天气意象，似乎一切都很素淡、清朗，伴随着的是和风、新凉、细雨、轻烟。此时的雾气，常被人称为颇具诗意的“霭”。

诗人舒婷在《致橡树》中写道：“我们分担寒潮风雷霹雳，我们共享雾霭流岚虹霓。”流岚，所谓山间流动的云气，其实也是霭，它们一向是诗人和画者所偏爱的朦胧意境。用汉代董仲舒的话说，“雾不塞望,浸淫被洎（jì）而已”,“白露降”式的雾气并未遮蔽视野，只是浸润了天地，撩拨了诗心。

在浓墨重彩的盛夏之后，或许这一抹薄雾，最是令人怡然欢喜。

立秋三候

寒蝉鸣

寒蝉鸣者，名蛁蟟也。其色青，与蜩大同而小异。诗云『寒蝉独抱一枝鸣』即此蝉也。金风始至，初酿其寒，阴气方行，鸣则天凉。故谓之寒蝉也。

夏天，寒蝉与众蝉和鸣，但到了秋天，似乎成了寒蝉的“独唱”。金风始至，初酿其寒。寒蝉鸣，仿佛是关于暑气消退的预告。

在蝉家族里，寒蝉在古诗词中“出镜率”最高。

秋风初生之时：“秋风发微凉，寒蝉鸣我侧。”

秋雨初歇之时：“寒蝉凄切，对长亭晚，骤雨初歇。”

秋云初起之时：“薄暮寒蝉三两声，回头故乡千万里。”

那若断若续的寒蝉之鸣，乃秋之凄美，令人顿生恻隐和怜惜之心。

古代人们将夏蝉称为蜩，秋蝉称为螀（jiāng）。螀躁而秋至，应候而秋悲，寒蝉与西风、落叶、白露、青霜一同构成了悲凉的意象组合。所以立秋寒蝉鸣，虽是一项物候标识，但更是一种文化符号。寒蝉沙哑的叫声仿佛是文人在秋凉时节哀婉的心声。而当气温低于20℃时，蝉声便止息了。

在鸿雁渐远之际，是蝉噤荷残的景象。寒蝉沉默了，荷叶凋零了。成语“噤若寒蝉”，便是深秋时节肃杀氛围中的集体沉默。

處暑

◆ 平均气温 24.1℃，平均最高气温 29.3℃，平均最低气温 19.6℃。

◆ 平均日照时数 7.2 小时，平均相对湿度 70%。

◆ 处暑，是北京高温天气绝迹的节气。

处暑，读作处 (chǔ) 暑，不是处 (chù) 暑。通常情况下，“处”字用作动词的时候，读处（chǔ）；用作名词的时候，读处（chù）。

元代《月令七十二候集解》：“处，止也，暑气至此而止矣。”显然，处有停止、隐退之意，暑热之气到此结束。有人借用入伏、出伏的说法，将处暑称作“出暑”，即摆脱了暑气的困扰。处暑，是“言渎暑将退伏而潜处也”。“四时俱可喜，最好新秋时。”按照陆游的说法，虽然春夏秋冬各有其美，但体感舒适度最高的，还是暑热消尽的新秋时节。

关于节气的名字，有人提出这样一个问题，有小暑、大暑和处暑，处暑代表炎热季节的结束，那为什么有小寒、大寒，却没有处寒来代表寒冷季节的结束呢？乍一听，这个说法有点抬杠，但仔细想来，却是一个很好的问题。

立春一候东风解冻，冰雪开始消融。雨水三候草木萌动，开始发出嫩芽、吐出新绿，开始“卖萌”，这时候是草木以实际行动宣告寒冷季节的结束。雨水节气，便是气候意义上的处寒节气了。但古人在选择这个节气名字的时候，可以有好多个候选名称，比如可以叫作处寒节气、冰融节气、新绿节气甚至叫作备耕节气——可以准备春耕了。但最终，人们还是选择了雨水这个名字，或许由雪到雨的变化，更能够传神地体现出这个节气的样貌。比处寒这个名字更综合、更直观。

而立秋之后的这个节气，名称的可选择余地其实并不多，因为天地之间的景物并没有发生很突兀的变化，最大的变化，就是人们体感舒适度的变化。所以处暑这个名字透射着人们的欣喜之情，谢天谢地，终于可以和酷暑说一声再见了。

在古人看来，寒是冷的极致，暑是热的极致。所以处暑节气不是说天气就不热了，而是一年之中最热的天气终于结束了。处暑节气的称谓，也足以说明其实人们从来就没把立秋真正当作秋，而是依然视为暑。二十四节气当中，按照炎热程度来排序，第一名是大暑，第二名小暑，第三名是立秋。所以对于苦熬盛夏的人们来说，立秋只是名字给人一种精神寄托。而处暑才是送来真实凉爽的节气，所以处暑的人缘儿特别好。“处暑无三日，新凉直万金。”

处暑时，北方的雨季结束了，暑季也结束了，天气变得干爽了。所以在北方，处暑节气如果称作“秋爽”节气，或许更为贴切。

清代《帝京岁时纪胜》中记载了一则轶事：

京师小儿懒于嗜学，严寒则歇冬，盛暑则歇夏，故学堂于立秋日大书“秋爽来学”。说的是在京城里很多孩子懒得读书，冬天歇冬，夏天歇夏。天冷、天热都是不读书的理由。所以到了立秋的时候，学堂就会贴出四个大字，“秋爽来学”。天气既不冷也不热，别再找借口了，赶紧来学习吧。

现在呢，处暑时节正是秋季开学，“秋爽来学”的时候，宜人的天气也是我们该好好学习的一个理由。

北方地区按照节气谚语，是“处了暑，被子捂”。按照夏九九谚语，是“七九六十三，夜眠寻被单”。而且是从“六九五十四，乘凉入佛寺”，到“七九六十三，夜眠寻被单”。这十来天当中由热到凉的转变，真是立竿见影。我特别喜欢一则谚语：“着衣秋主热，脱衣秋主凉。”稍微穿多一点儿，它就热；稍微穿少一点儿，它就凉。这则谚语诠释了秋季本是一种细微的分寸。

我们可以把处暑概括为“一出一入”：出，是出伏；入，是入秋。不过，夏所占据的，却是人口最稠密的区域，所以众多人还有“处暑依然暑”的感触。历经漫漫长夏的人们，是多么希望暑热赶紧“隐退”！宋代诗人范成大写道：“但得暑光如寇退，不辞老境似潮来。”他是把暑热当作了敌寇，属于“敌我矛盾”。但愿天气赶紧凉爽下来，为时光按下“快进键”，加速衰老也在所不惜。

南方地区在处暑时节，是“处暑天还暑，仍有秋老虎”。还要处在暑热的包围之中，还要与秋老虎相处。而且除了南北差异之外，实际上还有城乡差异。且不说现代的热岛效应，即使在古代，人们也能感觉到都市与乡野之间存在的细微差别。

陆游《秋怀》：

园丁傍架摘黄瓜，村女沿篱采碧花。

城市尚余三伏热，秋光先到野人家。

所谓秋老虎，一般是指立秋之后的炎热天气，但也有人认为是出伏之后的炎热天气。总之，要么是在立秋时节，要么是在处暑时节，人们都会感受到肆虐的炎热。这个时候，秋老虎，还没有变成纸老虎。秋老虎，在欧洲被称为“老妇夏”。虽然热，但也只是余热。而在北美地区被称为“印第安夏”，是说从前在印第安人聚居的地方这种天气比较常见。

平常我们说起冷空气，它的形象通常是比较负面的。但有两个时段，冷空气的人缘儿特别好。一个是在处暑之时，一个是在入冬之后。处暑之时是因为它能够消除暑热；入冬之后是因为它可以驱散雾霾。在气候变暖的背景下，处暑时节，如果有冷空气来，很多人都希望天气预报不要发布大风降温预警，不仅不要发布预警，最好发布喜讯。

处暑之前的冷空气，还无力攻陷高温区；而处暑过后的冷空气，已不再有救人于水火的“救星”光环，因为清爽的天气已成为主流。只有处暑时能够消夏的冷空气才有最好的“群众基础”。但在南方，这份丝丝新凉，往往稍纵即逝。

江南地区，一般都要到秋分至寒露时节，才会陆续开启夏秋更迭的进程。所以南方往往是“小暑大暑不算暑，立秋处暑正当暑”，南方有将近30%的地区，极端最高气温的纪录就诞生在立秋至处暑期间。

所以在南方，有“处暑十八盆”的说法。因为处暑时节天气依然炎热，每天还要在盆里泡个澡，一连十八天，一直到白露时节。

有一次我到广西出差，在左右江河谷地带与一位同行聊起“处暑十八盆”，他说在我们这儿，不是处暑十八盆，而是处暑八十盆！为什么呢？天热的时候，一天不止一盆，冲凉比吃饭还勤呢！尽管寒露之后渐渐地秋高气爽了，但每天冲凉的习惯还在。

在描写初秋时节的众多诗词当中，我格外喜欢白居易的诗句："离离暑云散，袅袅凉风起。"因为他抓住了初秋时节天气的两个变化，一个是风的变化，一个是云的变化。

风的变化：节气物语说，小暑一候温风至，立秋一候凉风至。就是从小暑节气开始，风是热烘烘的风；从立秋节气开始，风是凉丝丝的风。从全国平均最高气温来看，立秋只比小暑低0.66℃。气温的变化还不算大。

所谓"世态炎凉"，天气层面由炎到凉的变化，首先并不体现在气温的变化上，而是体现在风带给人们的体感变化上。这个时候的风，并不是呼呼啦啦吹袭人的猎猎西风，只是轻轻柔柔撩拨人的凉风，袅袅凉风。诗人抓住了这个细腻而微妙的时令差异。

云的变化：所谓离离暑云，是那种灰黑浓密，甚至翻涌咆哮的积雨云。人们说，"（农历）五六月看恶云，七八月看巧云"。恶云，表情凶恶的云，只是离离暑云的民间说法而已。到了农历七八月，天空的"颜值"迅速地提高了，令人胆战心惊的云少了，使人赏心悦目的云多了。要么是丝丝缕缕的卷云，要么是清清淡淡的淡积云。

虽然处暑时节的风和云，距离秋高气爽还差得很远，但"离离暑云散，袅袅凉风起"却写出了初秋时最具特征化的天气体验。

云变得亲民了，风变得宜人了，处暑时节的天气使人心生欢喜。在古人看来，从盛夏到初秋，首先还不是温度差异，而是风带来的感觉差异和云带来的视觉差异。

在处暑时节，人们对于天气，晴天好还是下雨好，有着完全不同的两种观点。

认为晴天好的说：

不怕立秋雷，只怕处暑雨。

处暑好晴天，家家摘新棉。

认为下雨好的说：

处暑不落浇，将来无好稻。

处暑雨，滴滴都是米。

处暑雨如金。

之所以会有截然相反的两种观点，那完全是"屁股决定脑袋"，以所种作物决定什么是好天气。处暑时节，种稻的希望是雨天，种棉的希望是晴天。就像一位婆婆的两个女儿，一个卖伞，希望下雨；一个卖帽，希望放晴。

从前在南方，人们为棉花和水稻都设立了"生日"。人家在过生日的那段时间里，不希望雨水打扰。

棉花生日：（农历）七月二十。

"二十日，俗传棉花生日，忌雨。"

水稻生日：（农历）八月二十四。

"农人以是日为稻生日，雨则藁多腐。"

棉花生日是农历七月二十，是临近处暑。过生日的时候，棉花裂铃吐絮，然后陆续收摘，当然希望最好是晴天。所以谚语说："雨打七月廿，棉花不上店。"如果这个时候下雨，秋后的集市上就没有棉花了。

水稻的生日是农历八月二十四，是刚刚秋分。那个时候也需要晴天，所以是"烧干柴，吃白米"。而在处暑时节，正是水稻禾苗的孕穗期，对水分需求量大，所以是"处暑要落浇苗雨"。

显然，在同一个时间段，你眼中的好天气，可能恰恰是别人眼中的坏天气。

棉花解决温，水稻解决饱，解决人们温饱问题的两种作物，却有着令人纠结的天气喜好。所以，天气真的很难做到让家家满意。

当然还有一种是基于天气韵律的观点，认为处暑和白露的天气保持相对一致，所谓“处暑不下雨，干到白露底”。如果处暑不下雨，水稻不喜欢；但白露也不下雨，水稻很高兴。而如果处暑下雨，水稻喜欢，但白露的时候也会下雨，那个时候水稻可就不高兴了，所谓“处暑不干田，白露要怨天”。所以，似乎没有能让水稻一直都喜欢、一直都高兴的好天气。

显然，在不同的时间段，处暑之时的雨，是水稻的好天气；而白露之后的雨，又是水稻的坏天气。可见，靠天吃饭是多么不容易，因为天气很难让作物时时如意。

处暑一候

鹰乃祭鸟

鹰祭鸟者，将食之示有先者。谓鹰欲食鸟之时，先杀鸟而不食，与人之祭食相似，犹供先神不敢即食。故云『示有先』也。《尔雅翼》云：『秋初之月，鹰将搏鸷，杀鸟于大泽之中，四面陈之，世谓之祭鸟。』乃始行杀戮，顺秋气也。

在古人眼中，鸟类“得气之先”，鸟类比其他生物超前感知时令变化。由盛夏到初秋，鹰给人留下的是勤勉而专注的印象。小暑三候鹰始鸷，盛夏时鹰已在操练搏击之技。到了初秋，鹰由演习转为实战，站在食物链的顶端，开始捕杀小鸟、小虫、小兽。

“鹰乃祭鸟，用始行戮”，鹰仿佛是秋气肃杀的代言者。但人们发现，鹰常常把所猎之物码放在一起，“杀鸟而不即食，如祭然”，就像是人们将各种美食先供奉给神灵和先祖的祭祀一般，古人将这种现象称为“示有先”。大家对内心挂念先祖的生灵，都有着一种由衷的好感。而且人们通过观察，发现鹰似乎有不捕杀正在孵化或哺育幼鸟的禽鸟之习性，捕杀的多是老弱病残之鸟。

“犹若供祀先神”以及“不击有胎之禽”，都被视为鹰的“义举”。于是，杀气凛凛的捕食者被塑造得义气蔼蔼。正如欧阳修在《秋声赋》中所云：“是谓天地之义气，常以肃杀而为心。”

处暑二候
天地始肃

天地始肃。欧阳云：夫秋，刑官也。于时为阴，又兵象也。于用金，西方之气，夷则为七月之律。商，伤也。物既老而悲伤。夷，戮也。是时始肃，欲将草木推败零落者，谓之天地之气肃杀。肃，严急也，故曰始肃。

天地始肃，是一个难以量化的节气物语。它是指天地的表情开始变得严肃了，气肃而清。在古人看来，上苍对于我们，是严慈相济。春和夏，体现的是慈；秋和冬，体现的是严，阳气由疏泄转为收敛。

《淮南子》曰："季夏德毕，季冬刑毕。"所谓"季夏德毕"，就是夏季一过，上苍已倾其所能，将能够给予我们的恩德都已经惠及我们。处暑时节，上苍将由慈到严，由让我们领受恩德变为让我们接受刑罚。所以，秋也被视为一位刑官。

《汉书》曰："天道之大者，在阴阳。阳为德，阴为刑，刑主杀而德主生。是故阳常居大夏，而以生育养长为事。阴常居大冬而积于空虚不用之处。以此见天之任德不任刑也。"在古人看来，虽然上苍对我们有德有刑，但还是以德为主，以刑为辅的。

谚语说："九月的天，御史的脸。"人们以御史严肃的面孔，形容深秋时的飒飒秋气。但初秋时节，以凋零和寒冷为标志的刑罚，尚未"行刑"。处暑三候"禾乃登"，也就是谷物成熟，是体现恩德的丰硕成果。它使人们沉浸在即将收获的欢畅与憧憬之中。虽然天地始肃，万物肃杀的刑罚即将开始，但人们还来不及秋愁、秋悲，而是要开始准备秋收。

《管子》曰："春风鼓，百草敷蔚，吾不知其茂；秋霜降，百草零落，吾不知其枯。枯茂非四时之悲欣，荣辱非吾心之忧喜。"

百草的繁盛与凋零，并不是四季的悲伤与欢欣。别人给予我的荣辱，也不是我内心的忧愁与喜悦。可见，在春秋战国时期，人们已经能够清晰地认识到万物之枯荣，春天的蓬勃与秋天的肃杀，都只是时令使然。所以我们不必夸赞，无须幽怨，也不必将春天视为上苍的恩宠，将秋天视为上苍的刑罚。不要因为春天的到来而欣欣然，也不要因为秋天的降临而戚戚然。人们只要遵循节令、顺应天道便好。

处暑三候
禾乃登

禾，稷也。稷为五谷之长。五谷各分四时：孟夏之麦，仲夏之黍，仲秋之麻，季秋之稻。是月，禾而成熟，顺秋气，收敛物也。故禾登焉。

禾乃登，也作“农乃登谷”。在二十四节气物语当中，有两项与主要粮食作物相关。

一个是小满三候的麦秋至，另一个就是处暑三候的禾乃登。一个代表夏收，一个代表秋收。

“禾乃登”，当然是泛指谷物开始成熟。但这个时候并不是所有的作物都成熟了。“禾乃登”又特指稷的成熟，“稷为五谷之长，首熟此时”。也就是说，江山社稷的稷，它作为五谷之首，在处暑时节率先成熟。

什么是稷，一直有不同的解读。有人认为是粟，小米。也有人认为是高粱，还有人认为是不黏的黍米。所以禾乃登，是指作为二十四节气创立时期最主要粮食作物的稷，在处暑时节成熟了，主粮收获进入了倒计时。此时人们终于可以估算出收成如何，正所谓“处暑立年景”，人们开始“稻花香里说丰年”。按照现在的节气歌谣，北方地区是“处暑动刀镰”，秋收拉开帷幕，然后“白露快割地，秋分无生田”。

不同时节的颜色变化：立夏的时候，家里青黄不接。立秋的时候,田里青黄相接。正所谓“晚禾青来早禾黄”。而到了处暑和白露，颜色不断地在变化，“处暑满垌黄，白露满田光”。

处暑时节，除了禾乃登之外，还得割高粱、摘棉花、打枣、卸梨、拔麻、起蒜、收瓜，人们累并快乐着。

很多物产，都成熟于处暑。

白露

- 平均气温20.8℃、平均最高气温26.6℃，平均最低气温15.7℃。
- 平均日照时数7.4小时、平均相对湿度65%。
- 白露，是北京的入秋时间。
- 1981—2010年，63%的年份都是白露时节入秋，气候平均入秋日期为9月9日白露一候。

北京的北海公园里有一个承露盘。蟠龙石柱上，一位铜仙双手托盘，承接露水。在古人眼中，露水似乎不是普通的水，所以才会有甘露、仙露之类不凡俗的称谓。

为什么会出现露水？这要从“露点”说起。露点，Dew point，其实是一个清纯的气象名词，但现今常被用在一些八卦新闻里，这让露点也很无奈。露点，是指在固定气压下，空气之中的气态水达到饱和而凝结成液态水所需要降到的温度。

一般而言，温度越高，空气对水汽的容纳能力越强。当温度降低的时候，空气就容纳不下那么多的水汽了，就饱和了。那么，多余的水汽怎么办呢？就只好“变态”了，由气态变为液态。达到露点之后，凝结的水飘浮在空中，就成了雾；附着在物体的表面，就成了露。而当露点低于0℃时，称为“霜点”，就开始结霜了。对于黑龙江、内蒙古等一些高纬度地区而言，“白露点秋霜”或者是“白露前三后四有秋霜”。白露节气，似乎已是白霜节气。

白露时节，昼夜温差加大了。按照古人的说法，是“大抵早温、昼热、晚凉、夜寒，一日而四时之气备”，一天当中像是四季轮替。《黄帝内经》有云：“寒风晓暮，蒸热相薄，草木凝烟，湿化不流，则白露阴布以成秋令。”

白露时节，早晚秋凉，白天夏热，这正是“秋令”的特征。古人说“露凝而白，气始寒也”。说是寒，虽然有点夸张，但早晚确实有点冷了，清晨出门的时候经常有一种冰箱冷藏室的感觉。所以老话儿叮嘱我们“白露身不露”。

白露节气关于着装的很多谚语，都像是谆谆教诲。

夜里睡觉也得盖好被子了，“白露白茫茫，无被不上床”。

短裤、短袖就不能再穿了，“白露不露，长衣长裤”，“白露身不露，露了没好处”。

如果白露还穿着暴露，会怎么样呢？“白露身勿露，着凉易泻肚。”而且后果可能很严重，“露里走，霜里逃，感冒咳嗽自家熬”。白露时节，似乎要从不露做起。白露的时候衣着要注意，饮食也需要注意。天气渐渐趋于干燥，所以饮清茶、吃水果，以减少秋燥。白露时节的养生，也被称为“补露”。

有一则谚语，乍一听令人窃喜，叫作“白露后，不长肉”。但遗憾的是，它说的不是人，而是指北方的荞麦。这则谚语，完整的说法是：“白露前，荞麦熟；白露后，不长肉。”白露之后，气温低了，消耗少了，反倒是人们容易长肉的时候。

北方陆续进入初秋。南方还是夏天，但高温几乎销声匿迹了。“过了白露节，两头凉，中间热”，人们将其称为“籴籴天”。尽管还是夏天，

但毕竟早晚凉快了，没那么煎熬了。粗略而言，白露时节是：南方依旧夏，北方渐次秋。南方金风去暑，炎威渐退；北方玉露生凉，已及新秋。《楚辞》有云：“白露纷以涂涂兮，秋风浏以萧萧。”

全国总体而言，白露时节降水显著减少。二十四节气中，全国的降水，总量减少最多的，是寒露，其次就是白露，这两个带“露”的节气。仿佛是露多了，雨便少了。

但有一个区域是例外，白露之后，四川、重庆以及周边地区渐渐迎来“华西秋雨”，正是“巴山夜雨涨秋池”的时节。

“山中一夜雨，树杪百重泉。”夜雨之后，大家清晨起来一看，每个树梢都滴滴答答地水珠坠地，如同千百道水泉一般。

对于节气起源地区而言，白露时节的天气是怎样的呢？用唐代诗人元稹的话说，是“露沾蔬草白，天气转清高”。这是一个“清高”的节气。雨少了，云也少了，所谓天气的清高，是天空的清澈、高远。

白露时节，早上有露水，往往预兆当天的天气可能会很晴朗。谚语说：草上露水大，当日准不下。“霜雾露，晒衣裤。”秋天的清晨，如果有霜、有雾或者有露水，那白天几乎可以放心地晾晒衣物。虽然朝露很美，但是过于短暂，只是秋日清晨的一个小小的插曲。所以才有“譬如朝露，去日苦多”的感叹。

从前在南方，白露时节忌讳下雨。谚语云：“白露日雨，来一路苦一路。”甚至认为“白露雨，偷稻鬼”。明代《农政全书》中也有“白露前是雨，白露后是鬼”的说法，并解释缘由：“白露雨为苦雨，稻禾沾之则白飒，蔬菜沾之则味苦。”

白露一候

鸿雁来

鸿，雁之属也。大者曰鸿，小者曰雁，凡物随阴阳者。是月，鸿雁来耳。《月令》云：『八月则鸿雁来也。』

在七十二候的72项物语中，多达22项是鸟类物语，为第一大类。而鸟类物语中，又以鸿雁为最，分别为雨水二候候雁北、白露一候鸿雁来、寒露一候鸿雁来宾、小寒一候雁北乡。显然，鸿雁是中国古代物候观测史上最重要的生物标识。

古人眼中最重要的物候，无疑是鸟候，是以候鸟来去为标识的时令特征。白露，便是一个完全以鸟类为物候标识的节气：白露一候鸿雁来，二候玄鸟归，三候群鸟养羞。北方的谚语说："八月初一雁门开，大雁脚下带霜来。"白露时节，大雁自漠北而来，途中已然霜雪。我于2013年白露时节参访乌兰巴托，穿着羽绒服。到那儿的第二天，下雪了。况且并不是初雪，而是当地九月的第四场雪了。这便是大雁在迁飞途中的天气。

人们不仅在时令范畴曾以鸟类为师，在食物范畴，也曾以鸟类为师。比如很多野果，最初是看到鸟类吃，人们才开始放心地吃。包括野生的稻谷，也是如此。人们先发现可食用，后发现可种植。

人们从鸟类的食谱中找寻安全且可口的食物。而且人们还通过观察鸟，来判断天气变化。比如"燕飞低，穿蓑衣"，比如"鸦浴风，鹊浴雨，八哥洗浴断风雨"。夏天到了吗？立夏不立夏，黄鹂来说话。是要放晴还是要下雨呢？斑鸠叫，天下雨；麻雀噪，天要晴。可以下田插秧了吗？白鹤来了好下秧。同样是喜鹊叫，是"久晴鹊噪雨，久雨鹊噪晴"。同样是鹳鸣，是"鹳仰鸣则晴，俯鸣则雨"。

所以，无论是感知时令，还是感知天气，人类都需要感谢鸟类。当然，善于借用鸟类的本能智慧，也是人类的一项大智慧。

白露二候
玄鸟归

玄鸟，秋分前归蛰，他物之蛰近在本处，今玄鸟之蛰不远在于四夷。《尔雅翼》云：『燕之来去，皆避于社，他无所归，多藏深山大空木中。』互相茹食，毛羽皆无。蛰藏堤岸之中，故云归也。

白露一候鸿雁来，是大雁从度夏地飞来；二候玄鸟归，小燕向越冬地飞去。小燕和大雁都是候鸟，但在同一季节里却有着不一样的行程。它们只是邂逅于白露时节，所以也就有了“社燕秋鸿”这则成语，比喻匆匆相遇又离别。

春暖“玄鸟至”，来时是“比翼双飞”地来；秋凉“玄鸟归”，去时是“拖家带口”地去。来去之间，完成了生命的递进。

燕子傍人而居，在屋檐下衔泥筑巢，细语呢喃，是与人最亲近、情感交集最多的小鸟。《诗经·燕燕》：“燕燕于飞，差池其羽。之子于归，远送于野。瞻望弗及，泣涕如雨。”《诗经》中，燕子便已是怆然离别剧情中的一部分。

所以，在人们内心深处，春分“玄鸟至”和白露“玄鸟归”或许不只是节气物语，更是关于离别与重逢的物语。

白露三候
群鸟养羞

群鸟养羞。《鸿烈》云：『群鸟翔，寒气至。』群鸟肥盛，试其羽翼，而欲高翔。今作养，谓育其毛羽也。羞，进也，故曰群鸟养羞。

关于“群鸟养羞”的解读，有两个侧重点。

汉代高诱说：“谓寒气将至，群鸟养进其毛羽御寒也。”说的是群鸟敏锐地觉察肃杀之气，趁着秋果丰硕、秋虫肥美之时大快朵颐，养得羽翼丰满，以此御寒。

汉代郑玄说:“羞者，所美之食;养羞者，藏之以备冬月之养也。”说的是群鸟辛勤地积攒和储藏美食，备足过冬的“粮草”。

其实两者的目标是一致的，虽然各有侧重，但都不可或缺。以此地为家的留鸟们，既要梳理好自己的“羽绒服”，也要准备好自己的“冬储粮”，解决好温饱问题。

或许在古人看来，“群鸟养羞”便是人们备冬的微缩版本。

秋分

- 平均气温 17.5℃，平均最高气温 23.3℃，平均最低气温 12.3℃。
- 平均日照时数 7.2 小时，平均相对湿度 62%。
- 1981—2010 年平均终雷日期为 10 月 6 日秋分三候，这是北京“雷始收声”的时节。

平分秋色

《天气预报》节目悠扬的背景音乐，叫作《渔舟唱晚》。唐代文人王勃在《滕王阁序》当中写道：“渔舟唱晚，响穷彭蠡之滨；雁阵惊寒，声断衡阳之浦。”此时的天气和物候，是“潦水尽而寒潭清，烟光凝而暮山紫”，是“落霞与孤鹜齐飞，秋水共长天一色”。《渔舟唱晚》的音乐情境，恰恰是云销雨霁的秋分时节。

秋分时节，天气给人的感觉，是两个字：爽、朗。爽朗，一个是爽，天气感觉清爽了；一个是朗，天空感觉明朗了。于是，秋毫可以明察，秋水能够望穿。

秋分时节，有两个最经典的颜色，一个是白云的白，一个是庄稼的黄。谚语说：“秋分白云多，处处好田禾。”

秋分时节，是不是白云真的多了呢？以北京为例，秋分时节的云，与大暑时节相比，总云量减少了 41%，低云量更是减少了 65%。由浓厚的离离暑云，变成了清淡的袅袅秋云。

在整个秋季，秋分时节是“蓝蓝的天上白云飘”的那种中高云在总云量中占比最高，而要么灰要么黑的低云在总云量中占比最低的时候。

古人笔下“世事短如春梦，人情薄如秋云”的秋云，似乎给人一种惨淡、冷漠的感觉。但秋云的淡薄、高远，似乎更像是一种境界，人们借以明志，借以抒怀。云由浓到淡，由厚到薄，草木由密到疏，由绿到黄。“雁影稀，山容瘦，冷清清暮秋时候”，天与地，都在做着减法，都开始变得简约和静谧。

俗话说：“二八月，看巧云。”夏季，要么是“自我拔高”的积雨云，黑云翻墨、惊雷震天、白雨跳珠；要么是层云或者层积云，沉沉地密布着，几乎整个天空都“未予显示”，雨也下得拖泥带水。大家避之不及，怎会有看云的心情呢？！

到了秋季，降水减少，气压梯度加大，大气的通透性和洁净度提高，流动性增强。总云量减少，其中高云比例提高；又由厚重改为轻灵，高天上流云。这个时候的云，如丝如缕，宜人而不扰人。纤云弄巧，更具动感和色彩，这个时候的云似乎才有资格叫作“云彩”。

秋分时节，是“秋风起兮白云飞，草木黄落兮雁南归”。鸿雁农历二月北上，八月南下。所以“二八月看巧云”，看的是流云飞鸿的时令之美。感觉秋分的时候，人们心情特别好。我记得有句打油诗：“撕片白云擦擦汗，凑近太阳吸袋烟。”当然，吸烟有害健康。但说明这个时候人们颇有闲情逸致。

但也不是所有的地方都蓝天白云。秋分时节，既有秋云之薄，也有秋雨之多。

这时，冷与暖的交锋，冷气团开始进入战略反攻阶段，每次冷

暖交锋几乎都伴随着暖气团的溃败和冷气团的“反客为主”，所以“一场秋雨一场寒”。

但在西南地区，暖湿气团尚未退却，还在当家作主。干冷气流要想染指这一地区，只能走两条路，而且都不是一马平川的路：一条路是从青藏高原北侧东移，另一条路是从东部地区向西倒灌。从青藏高原北侧东移，就意味着冷空气有一部分被高原挡住了去路。从东部地区倒灌，就意味着冷空气在长途奔袭的过程中损兵折将。所以无论走哪条路，冷空气的实力都“打折”了。当冷空气到达西南地区的时候，冷暖空气经常形成“乱战”，一时之间很难分出胜负，所以导致阴雨连绵，这就是所谓的“华西秋雨”，诗人笔下的“却话巴山夜雨时”。

董仲舒《春秋繁露》曰：“秋分者，阴阳相半也，故昼夜均而寒暑平。”秋分被认为是昼夜均等，寒暑平衡的中间点，是“平分秋色”之时。但各地的温凉更迭大不相同。秋分时节，北方已不是新凉，而是轻寒。而塞北秋分时已见初霜，“秋分前后有风霜”，所以“秋分送霜，催衣添装”。

秋季是气温的下降期，但秋季的各个时段气温下降速度大不相同。初秋降温最慢，深秋降温最快。以北京为例，从立秋开始，平均气温下降5℃，用34天；再下降5℃，用24天；然后再下降5℃，用19天；最后再下降5℃到立冬，只用短短17天。对于江南而言，通常是“冷至春分，热至秋分”。但这句话只能大体上代表气候平均。秋分时节，南方往往依然暑热未消，还难以把每只秋老虎都关进笼子里，在气候变化的背景下，尤其如此。

《太平御览》引《天文录》曰：“大寒在冬至后，二气积寒而未温也。大暑在夏至后，二气积暑而未歇也。寒暑和乃在春秋分后，二气寒暑积而未平也。譬如火始入室，未甚温，弗事加薪，久而愈炽，既迁之，犹有余热也。”此时的南方，“薪柴”已撤，却犹有余热。人们把这时的闷热天气，称为“木樨蒸”。闷热，都被说得如此文雅。

为什么叫作“木樨蒸”呢？木樨，曾是桂树的俗称。农历八月，雅称桂月，正是桂花飘香的时节。范成大《吴郡志》：“桂，本岭南木，吴地不常有之，唐时始有植者。浙人呼岩桂曰木樨，以木之纹理如犀也。”清代《清嘉录》：“俗称岩桂为木樨，有早晚两种。在秋分节开者，曰早桂；在寒露节开者，曰晚桂。将花之时，必有数日鏖热如溽暑，谓之木樨热。言蒸郁而始花也。”在桂树即将开花的时候，常有一段像在锅里蒸的闷热天气，仿佛桂花是因闷热而开花。所以这样的天气便被称为“木樨蒸”。

古人认为，秋分是一个分界。秋分之前暑有余热，所以秋燥还是温燥；秋分之后寒意渐浓，所以秋燥已是凉燥。因此过了秋分，需要多吃清新、温润之物。

《管子》：以夏至日始数九十二日谓之秋至，秋至而禾熟。

《淮南子》：秋分蔈（biào，指草木零落）定而禾熟。

也就是说，收成多寡，年景好坏，不再是悬念，在秋分时节基本都有了定论。吃下“定心丸”，人们便忙着收，忙着晒。“三春没有一秋忙，收到仓里才算粮。”然后趁着秋高气爽，晒粮食、晒干菜、晒盐、晒鱼干儿等。

从前，收割、晾晒、归仓之后，还有一个民间习俗，“送秋牛”。立春的时候是鞭春牛，劝耕。秋分的时候，是在黄纸或红纸上印着节气农事以及农夫耕田的图样，制成“秋牛图”。送图的人，往往是民间最能说会唱之人。他们在“送秋牛”的过程

中，说秋耕事项以及各种吉祥话儿，劝说大家不贻误时令。这种习俗也被称为“说秋”。而“说秋”说得好的人被称为“秋官”。立春鞭春，秋分说秋，都是关于劝耕的习俗化的行为艺术。

秋分时节，虽然有了些许寒意，但我还是特别喜欢那句诗：“秋气堪悲未必然，轻寒正是可人天。”夏天被热得昏沉沉的，也被热得特别烦躁。秋分时的一丝轻寒，恰好让人舒畅，恰好给人一种唤醒感，气温体现着一种恰到好处的分寸。但再凉一点，便有了草木枯萎的肃杀之气，所以希望这样的天气不要来去匆匆，“常恐秋风早，飘零君不知”。

疏朗时节，快意秋分。

秋分一候

雷始收声

雷，阳气也。主于动不唯地中潜伏而已。传曰：『雷二月出地，百八十三日，雷出万物出，八月入地，百八十三日，雷入万物入。』是时，故收敛其声也。

古人认为，雷电产生的原因，是“阴阳合”或“阴阳相薄”或“阴阳交争”。这几种说法的相同之处在于阴阳二气的接触，各异之处在于接触时它们之间是友好还是敌对。古代占卜以雷电发生时“其声和雅，岁善”，即阴阳约会而非阴阳决斗，作为好年景的预兆。

《论衡》:“正月阳动，故正月始雷；五月阳盛，故五月雷迅。秋冬阳衰，故秋冬雷潜。”以阴阳思维，雷电是阴气与阳气都具备一定实力时，短兵相接的产物。而“阴阳相半”的秋分之后，阴气渐盛，阳气潜藏，于是它们很难再有会面的机缘，所以也就很难再有雷声了。但这种思维并不能解释为什么阴气潜藏的盛夏时节雷暴最多。

古人认为，所谓“雷始收声”，只是人听不到雷声而已，雷其实一直存在。郑玄的解读是“雷始收声，在地中动内物也”，雷到地下去了。宋代《尔雅翼》:“十一月，雷在地中，雉先知而鸣。”古人认为冬月里雉鸡鸣叫，就是因为听到了来自地下的雷声。

从前，也有人认为雷电乃龙所为，雷电的发生规律是春分“雷乃发声”，秋分“雷始收声”。而龙在一年当中的作息规律，是“春分而登天，秋分而潜渊”，都是半年工作制，看起来非常契合雷电的起止时间。

对于北京而言，气候平均初雷日期为4月23日谷雨一候，终雷日期为10月6日秋分三候，工作时间并不足半年。通常4月为初始期，5月为突增期，7月为峰值期，9月为陡减期。当然，北京的雷暴期年际变率很大，最长有七个月（212天，2004年），最短仅有三个月（92天，1975年）。

在气候变化的背景下，1981—2010年北京的雷暴期延长了10天（与1951—1980年相比）。43%的年份过了秋分时节，雷并未“按时”结束。

秋分二候
蛰虫坯户

坯者，益也。益户谓稍小之也，阴气将至，时气尚温，犹须出入。故坯户之稍小，是气使之然也。

所谓蛰虫坯户,《礼记注》的说法是:“益其蛰穴之户，使通明处稍小，至寒甚乃墐塞之也。”所以还不是完全封闭门户，而是蛰虫们感到虽时气尚温，但阴气渐至。所以在仲秋时节不再门户洞开，用细土把洞穴垒得结实一些，洞口开得再小一些。到天气寒冷的时候封堵洞口,“闲人免进”,安然过冬。春分是“蛰虫启户”,秋分是“蛰虫坯户”，它们基本上是半年户外，半年室内。秋分时节，蛰虫们开始成为“地下工作者”。

在二十四节气的节气物语之中，蛰虫类物语的数量仅次于鸟类。而这些蛰虫物语是 PK 掉了（例如《夏小正》中的）更早的诸如正月囿有见韭（园子里又长出了韭菜)、四月囿有见杏、八月剥瓜、九月荣鞠树麦（野菊花开，可以种麦了）以及仲冬芸始生、仲夏木槿荣等直观的物语。

为什么观测蛰虫行为的难度更大，古人却偏偏放弃俯拾皆是的直观物语，而选择可能需要“掘地三尺”的观测呢？因为，春天人们需要借助蛰虫测试地温。蛰虫的洞穴，其实是农耕所依托的土壤环境，春季人们更需要来自地下的“情报”。秋天人们需要借助蛰虫测试气温。

“蛰虫坯户”“蛰虫咸俯”能够为人们提供关于秋凉和秋寒的温度临界值。每年的寒凉有早晚，生物行为可以对此做出动态修订，使人们更精准地把握时令变化。因此所谓“蛰虫启闭”，是人们春秋两用的生物温度计。

但蛰虫生活在洞穴之中，人们很难确切地捕捉到它们特征化的生物行为。所以节气中的蛰虫物语，如果不是出自臆想，而是来自实测，那么可以想见，其观测的难度系数可能是节气相关的物候观测中最高的。在现代人看来，这几乎是一种不可思议的执着。

秋分三候
水始涸

水始涸。辰角大，辰，苍龙之角，星之名。见者，朝见东方。天根，亢氐之间。谓辰角见而雨毕，天根见水涸。杀气日盛，雨气尽也。

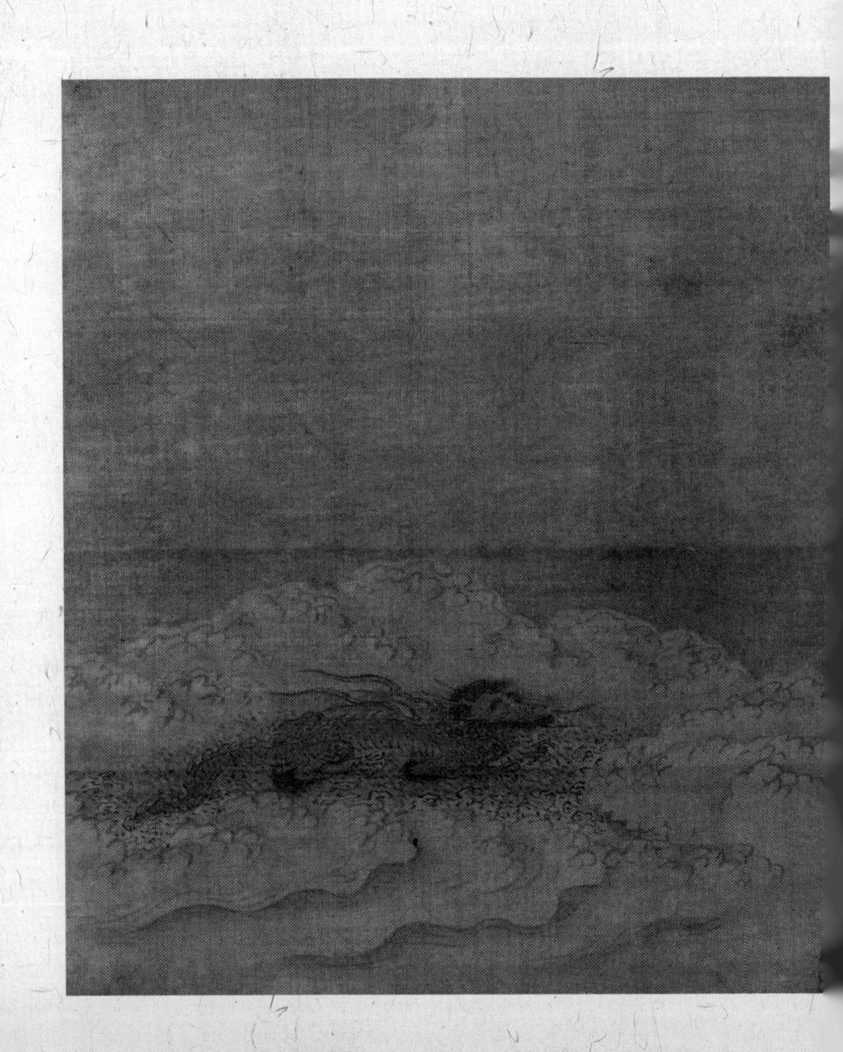

《礼记注》曰："水本气之所为，春夏气至，故长；秋冬气返，故涸也。"但"水始涸"，只是"潦水尽"，只是夏雨遗存的积水逐渐干涸，浅塘显露着曾经的水痕。

一年之中的水体变化，显然与降水高度相关。春季降水陡增，所以春水生，诗词吟咏春江水满，人们唱着"山歌好比春江水"。秋季降水锐减，所以秋水净，诗词吟咏秋江水清，人们唱着"心与秋江一样清"。全国而言，秋分时节的降水量为立秋时节的49%，而北京仅为20%。此时，河流舒缓了，水洼干涸了。

《二十四诗品》中有这样的词句："流水今日，明月前身。"流水为何如此清澈，因为皎洁的明月是我的前身。但实际上，在降水量大的春夏，流水往往是浑浊的，只有在雨水不再喧嚣、径流不再湍急的秋季，才有可能呈现"流水今日，明月前身"的意境。

秋气之美，常在于水之静美。

寒露

- 平均气温 13.8℃，平均最高气温 19.6℃，平均最低气温 8.7℃。
- 平均日照时数 6.6 小时，平均相对湿度 59%。
- 寒露时节，是北京“寒暑平”的时候（接近一年之中气温的平均值，北京的年平均气温 11.5℃）。

二十四节气中，有两个节气是描述露水的，一个是白露，莹莹白露；一个是寒露，凄凄寒露。它们俩的差别在哪儿呢？古人说寒露是“露气寒冷”，那么如何界定“露气寒冷”呢？

在二十四节气起源地区，寒露时节，白天的最高气温开始降到 22℃以下，白天也没有夏天的感觉了。早晚的最低气温开始降到 10℃以下，已经有了冬天的感觉了。所以寒露与白露的差别在于：

白露时，白天是夏热，早晚是秋凉。

寒露时，白天是秋凉，早晚是冬寒。

虽然只相差一个月，但感觉却相差了一个季节。

节气谚语说：“寒露不算冷，霜降变了天。”

说“寒露不算冷”，那是跟霜降比；说“霜降变了天”，那是寒露帮的忙。

因为所谓“霜降变了天”，体现的只是累积效应，只是冻坏骆驼的最后一团寒气而已。由凉到寒的变化，是寒露帮忙攒下来的。

就全国平均而言，秋季节气之中，“变天”节奏最快的，其实是寒露。气温下降幅度最大的，是寒露。降水减少幅度最大的，是寒露。但对于北京而言，“变天”节奏最快的，确实是霜降。

所以，“转眼到寒露，翻箱找衣裤”。这个时节，网上最流行的，就是那首“秋裤赋”：

> 我要穿秋裤，冻得扛不住；一场秋雨来，十三四五度。
>
> 我要穿秋裤，谁也挡不住；翻箱倒柜找，藏在最深处。
>
> 说穿我就穿，谁敢说个不；未来几天里，还要降几度。
>
> 若不穿秋裤，后果请自负。

我觉得“秋裤赋”是一种非常好的表达和传播方式。从前立春的时候劝耕，用鞭春牛的方式，用走街串户的方式，希望人们抓紧时间准备春耕，是以面对面的行为艺术的方式劝耕。进入网络时代，人们可以借助网络打油诗的方式劝“穿”。所以在我看来，它不只是普通的打油诗，而是网络时代一种新的节气民俗。其实从前也有很多劝“穿”的谚语，比如“白露身不露，赤膊是猪猡（luó）”，是说到了白露节气如果还穿着短袖，那简直就是猪。类似的句式还有“清明不插柳，死后变黄狗”，说清明的时候如果不戴柳条编成的帽子，来世就会变成狗。这些谚语，几乎是用骂人或者吓唬人的方式，力图起到规劝的目的。虽然理不糙，但话太糙了。

深秋时节，比较简洁的劝“穿”谚语，一个是：吃了寒露饭，不见单衣汉。一个是：吃了重阳糕，单衫打成包。因为寒露和重阳日期比较接近，所以人们往往用两者作为多穿衣服的时间基准。白露节气就不能再穿短衣短裤了，寒露节气就不能再穿单衣单裤了。

有一句谚语，说的是白露和寒露节气的衣着原则，叫作："白露身不露，寒露脚不露"。"白露身不露"好理解，但如何解释"寒露脚不露"呢？如果将其解读为寒露节气就不能穿露脚的凉鞋或者拖鞋，似乎不妥。这也就意味着从白露到寒露的一个月当中，身子包裹得很严实，但脚还可以露着，还可以赤脚，脚居然是最后不露的。

人们说"寒从脚起"，说"养生先养脚"，脚离心脏最远，血液供应少，脚部的脂肪层又薄，保温性能差，最容易受凉。难道不应该是首先让脚不裸露吗？春捂秋冻，也不能单单让脚冻着啊！我觉得"白露身不露"，已经包括了脚，脚是"身"不可分割的一部分。所谓"寒露脚不露"，不是指鞋子，应该是指被子，是专门强调晚上盖被子的时候尤其不能露着脚。

有人疑惑：不是要春捂秋冻吗？春天来时，适当地捂一捂，使机体渐渐地适应回暖；秋天来时，适当地冻一冻，提高机体的抗寒能力。但所谓"捂"和"冻"，都应有一个前提，按照古人的说法，是"寒无凄凄，暑无涔涔"。

春天的捂，以不出汗为前提；秋天的冻，以不着凉为前提。

当然，这很难以精准量化的方式来判定，即使相近的气温，有风无风，是干是湿，是晴是雨，体感的差异都很大。"晴冽则减，阴晦则增。""（农历）二八月，乱穿衣"，所谓"乱"，一方面是指人们需要根据天气变化及时增减衣物，另一方面也说明不同的人穿着差异很大。二八月，乱穿衣，但没说（农历）九月还乱穿衣的。

俗话说："急脱急着，胜如服药。"就是告诉人们，热了及时脱衣，冷了及时加衣。它与"春捂秋冻"看似相悖，实则相合。就像战略上藐视敌人，战术上还要重视敌人一样。

"春捂秋冻"，说的是应对气候的战略；

"急脱急着"，说的是应对天气的战术。

春季，大的原则是适当地捂。但春季的昼夜温差往往是一年之中最大的，一天当中，或许就包含了两个季节。一季当中，甚至可能急冷急暖，所谓"春如四季"。所以在一天之内、一季之中还需要机动地进行增减。英语中，有一个关于着装原则的说法，叫作 Dress in layers（多层着装），即所谓洋葱着装法。热了脱一两层，冷了加一两层，随时调整。不能只有两层，捂上便是隆冬衣着，脱了便是盛夏装束。中间要有过渡，为机体提供缓冲。而且不同的人群，也需要有不同的原则。

我印象特别深的是 2016 年在新疆一号冰川考察，海拔 3700 多米，还零星地飘着雪。我裹着羽绒服。但接待我们的哈萨克族小伙子哈纳提却穿着 T 恤衫、短裤，浑身冒着热气。当时我心里想的就是：不敢攀比。一位朋友曾经写道：看到年轻人，半冷的天儿，上面露着肩膀，下面露着肚脐；大冷的天儿，上面露着脖子，下面露着脚脖子，大衣不系扣子、不拉拉链，就觉得自己老了。而且特别担心他们会因为受寒而变老。

台湾有句谚语，叫作："九月狗纳日，十月日生翼。"是说到了农历九月，秋阳难得，就连狗都知道得抓紧时机晒晒太阳。待到十月，白昼短暂，又难得响晴，太阳就像长了翅膀一样，一不留神就飞了。渐渐地，晒太阳也成了一种不可多得的免费养生。

寒露时节，天气凉了，雨水少了，日照也少了。花鸟草虫，该谢的谢了，该飞的飞了，该睡的睡了，该歇的歇了。但农民们还没歇，我们经常说秋天是收获的季节，但实际上秋天既是收获的季节，也是播种的季节。《管子》曰："夫岁有四秋，而分有四时。”管子认为有四个秋天，“五谷之所会”，即五谷全收之时，乃是秋天中的秋天。

秋天首先是忙着收，有的早一些，是“白露快割地，秋分无生田”；有的晚一些，是“寒露无青稻，霜降一齐倒”。人们忙着收，“寒露到，割晚稻”。收完了，还要翻地，“寒露霜降，耕地翻土”。还要打场，还要晾晒，“寒露割谷忙，霜降忙打场”。在台湾，寒露时节，“九降风”开始降临时，正好是晒物之际。人们说很多物产都是晒出来的，比如秋分晒盐，寒露霜降晒柿饼，立冬小雪晒鱼干。

收晒之后，又是新一轮的播种。二十四节气起源的黄河流域地区，寒露节气是冬小麦播种的标准时间节点。冬小麦每年重复着寒露种、芒种收这样的循环。所以寒露对于节气起源地区而言，是冬小麦的“落地”节气。中原地区的谚语是：“寒露时节人人忙，种麦、摘花、打豆场。”长江中下游地区要稍晚一些，是：“寒露到霜降，种麦莫慌张；霜降到立冬，种麦莫放松。”

从华北地区到华南地区，播种冬小麦的时间用一个句式基本上就能够概括。

华北地区是：白露早，寒露迟，秋分种麦正当时。

中原地区是：秋分早，霜降迟，寒露种麦正当时。

江南地区是：寒露早，立冬迟，霜降种麦正当时。

而华南地区是：霜降早，小雪迟，立冬种麦正当时。

在其他地方叫作秋种，而在华南地区称为冬种。

哪个节气早，哪个节气迟，哪个节气正当时。在中国，这几乎是关于节气与农时的通用句式。当然，随着气候变化，冬小麦播种的时间有所推延。例如从前华北地区是“白露早，寒露迟，秋分种麦正当时”。但现在，往往是“小麦点在寒露口，点一碗收一斗”。

气候变暖了，农活儿也就跟着春天动得早，秋天歇得迟。

寒露时节，往往是一场秋雨一场寒，秋雨过后秋风紧。谚语说："寒露雨风，清明晴风。"清冽的秋风在秋雨之后接踵而来。然后往往是气温骤降，严霜降临。谚语说："寒露有霜，晚稻受伤。"所以人们特别留意寒露的天气变化，"不怕霜降霜，只怕寒露寒"。人们之所以不怕霜降的霜，是因为霜降的时候晚稻已经收割完了。之所以最怕寒露的寒冷，是因为那是最后的临门一脚，晚稻的收官阶段。

在南方，对于晚稻而言，叫作"寒露雨，偷稻鬼"，"寒露风，稻谷空"，下雨也不行，刮风也不行。有一个气象名词，就叫作寒露风。所谓寒露风，并不能狭义地理解为寒露时节的风。农谚云："棉怕八月连阴雨，稻怕寒露一朝霜。"寒露风原指华南寒露时节危害晚稻的低温现象，或者是干冷型的凄风或者是湿冷型的苦雨。而当双季稻北扩至长江中下游地区时，晚稻的这种灾害性天气便偶尔在秋分前后开始流行。所以广义的寒露风，未必只是风，也未必只发生于寒露，而是危害晚稻的低温综合征。

苏轼写道："露寒烟冷蒹葭老，天外征鸿寥唳（鸟鸣）。"露水变冷了，烟气变凉了，芦苇也不开花了。天边的鸿雁，声音凄清而高远。但鸿雁只是匆匆过客，过了寒露便了无踪影，人们锦书遥寄的心愿再也难以通过鸿雁传书的方式实现了。而在鸿雁渐远的同时，是蝉噤荷残的景象。鸣蝉沉默了，荷叶凋零了。深秋时节，因为渐渐萧疏残败的景物，人们称之为老秋、穷秋，"穷秋九月衰"，似乎时光正在走向衰老。"寒露霜降水退沙，鱼落深潭客归家"，从秋分物候的"水始涸"，到立冬物候的"水始冰"，一切变得简约而清净。有人怀念曾经的繁盛，但也有人更享受深秋的这一份清净自在。

杜牧诗云："深秋帘幕千家雨，落日楼台一笛风。"寒露节气，如遇晴天，标志性的景色是“碧云天，黄叶地”。如遇有风，那就是“云悠而风厉”。如遇有雨，是“寒露洗清秋”。没有浓抹之美艳，只有淡妆之清雅。寒露，是秋天中的秋天。虽然秋已渐老，但却是彩色的秋。“虽惭老圃秋容淡，且看黄花晚节香。”就在这清冽的日子里，观赏秋天绚烂的“晚节”吧。

寒露一候

鸿雁来宾

宾，客也。言来宾，不以中国为居也。仲季二秋之雁，皆从北漠中来。过周雒南至彭蠡而止，但分老幼迟速，八月来。早者，速也，是其父母也。是月，来晚者，迟也，盖其子也。羽翼稚弱在于后耳，故言来宾也。

白露一候“鸿雁来”，寒露一候“鸿雁来宾”，这“鸿雁来”和“鸿雁来宾”有什么区别呢？“雁以仲秋先至者为主，季秋后至者为宾。”古人把先来的鸿雁视为主，将后到的鸿雁称作宾。鸿雁迁飞，启程的早或晚，飞行的快与慢，时间相差一个月。白露时人们看到第一批鸿雁南飞，寒露时是最后一批鸿雁南飞。

谚语说：“大雁不过九月九，小燕不过三月三。”是说大雁最迟（农历）九月九，寒露时节，该来的都来了；小燕最迟（农历）三月三，阳春时节，该回的都回了。至于谁先来谁后到，也有人认为先来的是鸿雁中的力强者，晚到的是鸿雁中的体弱者。但实际上，鸿雁的迁飞虽是“自由行”，但却是扶老携幼的互助式旅行。非实测者的解读中常有臆想的成分。而汉代学者郑玄对“来宾”的解释是：“皆记时候，来宾言其客止未去也。”意思是人们在寒露时节见到的鸿雁未必都是后来者，可能是仲秋飞来，季秋未去而已。

二十四节气起源的黄河流域地区，既不是鸿雁的度夏之地，也不是鸿雁的越冬之地。所以节气物语中所说的鸿雁之来去，大多是旅途中行色匆匆的鸿雁，往往只是“惊鸿一瞥”，或者只是在本地“服务区”稍微歇个脚、喝口水、吃顿饭的鸿雁。但也有的雁群，是来了之后“乐不思蜀”地小住一段时间，于是人们视其为“来宾”。

元好问诗云：“白雁已衔霜信过，青林闲送雨声来。”在古代，有霜信之说。人们将鸿雁视为霜的信使。明代学者毛晋说：“（鸿雁）秋深方来，来则降霜。河北谓之霜信。”“穷秋九月荷叶黄，北风驱雁天雨霜。”对于北方地区而言，寒露的“鸿雁来宾”便是霜信。

寒露二候

雀入大水为蛤

雀老者名佳宾，俗谓之黄雀是也。大水，淮海也。《太平广记》云：秋化为蛤，春复化为黄雀，虽有复化，候之不言也。是候，止言变，故感气而为小蛤也。

到了深秋和初冬时节，望来望去，很难见到鸟类了呢。到水边一看，很多贝壳，颜色和纹理跟鸟特别相似。哦，“飞物化为潜物也”，原来是鸟类都变成了贝类。但“吃货”也许会联想到“雀入大水为蛤”是在告诉我们，深秋正是蛤类最肥美的时候。

将古人臆断的这类物语，继续作为节气的物候标识，只是出于尊重节气物语的文化属性，而并非出于科学层面的认同。当然，我们可以不把这些物语轻率地称为科学谬误。古人的生命观，不是生与死，而是生与化。生命不是消亡，而是转化。于是人们安然于生，泰然于死。“英雄生死路，却似壮游时。”让生命中少一些生离之苦、死别之悲。

我们愿意换一种思维方式去解读：古人或许也并非真的这样想，而只是一种善良且浪漫的愿望，只是一种朴素的生命运化观。每一种生命，都没有消亡。在这个时节你看不见它，只是因为它变换成另一种存在的方式而已。夏天想飞的时候，有翅，能高飞于天；秋天想藏的时候，有壳，可深藏于海。

寒露三候

菊有黄华

菊有黄华，仲春之桃华红，季春之桐华白，皆不言色，止言其华。万物皆华于阳，此独华于阴，特言其色，而黄华者，正应阴盛之故也。

《离骚》中便已有“朝饮木兰之坠露兮，夕餐秋菊之落英”的诗句，体现着菊的孤傲与高洁。

“寒露百花凋”，但菊花偏偏在寒露时盛开。唐代黄巢《咏菊》：“待到秋来九月八，我花开后百花杀。冲天香阵透长安，满城尽带黄金甲。”“满城尽带黄金甲”，写的便是寒露时节的菊花之盛。

菊花其实有很多种颜色，那为什么寒露物语说的只是“菊有黄华”呢？元代陈澔在《礼记集说》中写道：“鞠色不一，而专言黄者，秋令在金，金自有五色，而黄为贵，故鞠色以黄为正也。”因为黄色才被视为菊花的纯正颜色。

“菊有黄华”是寒露三候的物候标识。但根据节气起源地区现代的物候观测，“菊有黄华”的时间多在寒露一候。春早、秋迟的物候现象，说明以五日为节律的七十二候创立之时（西汉晚期），比现在要温暖 1°C 左右。

唐代杨炯写道：“秋星下照，金气上腾。风萧萧兮瑟瑟，霜刺刺兮棱棱。当此时也，弱其志，强其骨，独岁寒而晚登。”“秋霜造就菊城花”，欲霜或初霜的深秋时节，菊花作为秋之尾花展示着它凌霜傲寒的性情。明代画家沈周诗云“秋满篱根始见花，却从冷淡遇繁华”，这是冷淡时节的繁华。

《锦绣万花谷》：“拒霜花，树丛生，叶大而其花甚红。九月霜降时开，故名拒霜。”《本草纲目》：“雁来红，茎叶穗子并与鸡冠同。其叶九月鲜红，望之如花，故名。吴人呼为老少年。”

当然，将冬之时，菊花也并不孤独，还有诸如拒霜花、雁来红这样的花草，笑看渐寒的时令。

霜降

- 平均气温 9.5℃，平均最高气温 15.4℃，平均最低气温 4.5℃。
- 平均日照时数 6.7 小时，平均相对湿度 56%。
- 1981—2010 年北京的初霜平均日期为 10 月 22 日，与霜降节气高度吻合。
- 霜降，是北京的入冬时间，气候平均入冬日期为 10 月 30 日，大约在霜降二候。1951—2018 年，有 54% 的年份是在霜降时节入冬。

二十四节气的节气名中，历来争议最大的，就是霜降。东汉王充《论衡》曰："云雾，雨之征也，夏则为露，冬则为霜，温则为雨，寒则为雪，雨露冻凝者，皆由地发，非从天降。"

既然无论是露还是霜，"皆由地发，非从天降"，怎么能称为霜降呢？！其实仔细想来，霜降这个名字只是一种比喻。天上还掉下过林妹妹呢，专家也需要对比喻保持宽容的态度。现在生活当中的"霜"比比皆是，面霜、晚霜、隔离霜、护手霜、润肤霜。但真正的霜，完全没有润肤的功能，一看脸就知道了，饱经风霜。

霜降的降，只是霜的降临，只是一种描述方式，未必是科学局限。包括唐代诗人张继的那首著名的《枫桥夜泊》：

月落乌啼霜满天，江枫渔火对愁眠。

姑苏城外寒山寺，夜半钟声到客船。

如果严谨地推敲，霜是附着在物体表面所形成的水汽凝华，不可能漫天飞舞。月落乌啼时怎么会霜满天呢？诗人的表达逻辑与学者的推理逻辑不同，或许在诗人眼中，霜是寒冷的化身，所谓月落乌啼霜满天，只是想描述寒意满天的意境而已。

露和霜的区别，一目了然。一个是液态的露，一个是固态的霜。《楚辞》有云："秋既先戒以白露兮，冬又申之以严霜。"在宋玉看来，露是告知秋的来临，霜是预兆冬的来临。"蒹葭苍苍，白露为霜。"到了0℃，空气中多余的水汽就变成了霜花或者冰针。早晨起来，一眼望去，白花花的一片。深秋时节，老天爷给我们点颜色看看。所谓霜，是空气当中的水汽饱和之后，在低温状态下，直接凝华成白色的冰晶。古人认为"气肃而霜降，阴始凝也"，白霜是由阴气凝结而成。

虽然由白露到白霜，只一字之差，也只是水的相态不同，但在古人看来，意义迥异。《礼记》有云："夫阴气胜则凝为霜雪，阳气胜则散为雨露。"如果阳气占上风，水汽就会化为雨露；如果阴气占了上风，水汽就会凝为霜雪。"霜以杀木，露以润草"，古人觉得，露是润泽，是赐予；而霜却是杀伐，是惩戒。

《汉书》曰："天，使阳出，布施于上，而主岁功。使阴入伏于下，而时出佐阳。阳不得阴之助亦不能独成岁终。阳以成岁为名，此天意也。"在董仲舒看来，虽然万物乃阳气所生，阴气所杀，但阳气的生养万物之功也离不开阴气"佐阳成岁"的助力。

我们以凌霜傲雪形容性情的坚韧，以饱经风霜形容岁月的磨砺。古人说"风刀霜剑"，风如刀，霜如剑，霜被描述成一种锋利的冷兵器，肃杀的代名词。俗话说"霜降百草枯"，一遇到霜，所有的菜就都歇菜了。但经历严霜之后，便是另外一种味道。人们常常会念叨，打了霜的菜和果才更香甜。一位网友说，自己从小就喜欢霜降节气，是因为喜欢吃甘蔗，但父母说打霜过后的甘蔗才更甜，就一直期盼着霜降。

各种天气现象中，人们格外关注哪个时节初霜，什么时候终霜，还经常以无霜期来描述一个地方的气候禀赋。因为“霜杀百草”，无霜期关乎植物的春华秋实，关乎我们的衣食温饱。在二十四节气起源地区，是霜降见霜，谷雨断霜。但是对于高寒地区而言，立夏之后还可能有霜冻，“（农历）四月八，黑霜杀”。

虽说是“霜降百草枯”，但真正令百草枯萎的，不是霜，而是冻，是与白霜相伴生的零下低温。在水汽极度匮乏的情况下，地表温度低于0℃，但水汽依然未饱和，并无白霜。可作物却还是遭受了冻害，人们将这种不结霜的冻害称为“黑霜”。

对比实验可以证明：两株植物，在同样低的温度，但不一样的湿度条件下，湿度高的，植物的叶面结霜了，湿度低的，植物叶面没有结霜，但被冻得更严重。结霜的叶面因为水汽在凝华过程中释放热量，反而使温度升高从而减轻了冻害。所以，黑霜的危害甚于白霜。确切地说，不是“霜杀百草”，而是“冻杀百草”。相比之下，白霜很萌，黑霜更凶。因为误解，白霜曾经长期遭受“不白之冤”。当然，“霜”杀百草的同时，也“霜”杀百虫。这是一种没有亲疏、没有情仇的无差别攻击。

近些年，网上流行一个词语，叫作“佛系”，佛系的口头禅是：都行，都可以，没关系。它代表着平和、淡然、随缘的态度。所以有人把霜降看作是一个佛系节气。《水经注》中那句“晴初霜旦，林寒涧肃”，便有一种道不尽的清净之美。霜降时节，没有鸟啼，没有蝉鸣，没有蚊蝇滋扰，没有蜂蝶分神。没有了那么多的花花草草、枝枝蔓蔓，不会因花迷醉，不会因叶障目，一切都变得简约而清和。少了各种纷繁的细节，天地之间的景物似乎变成了一幅展现本真的简笔画。

唐代刘禹锡诗云：

山明水净夜来霜，数树深红出浅黄。

试上高楼清入骨，岂如春色嗾人狂。

初霜时节，山明水净，大气的通透感、秋水的洁净度都特别好，色彩丰富，体感因微冷而清爽，不像春天那样让人容易狂躁。白云补衲，碧水参禅。所以霜降被称为让人清净自在的佛系节气或许有着一定的道理。

古人说："圣人之在天下，暖然若阳春之自和，故润泽者不谢；凄乎若秋霜之自降，故凋落者不怨。"阳春时节，有阳光雨露的滋润，受益者不需要感谢；深秋时节，是风刀霜剑的折磨，凋落者也不需要抱怨。"秋风萧瑟天气凉，草木摇落露为霜。"只是天气之寒凉，而非心境之凄凉。万物应候而荣，顺时而凋，或许一切自当如是，可以了无怨念。一切，都只是时令之物象，"物系于时也"。"春也吐华，夏也布叶，秋也凋零，冬也成实，无为而自成者也。"一切都是随着时令顺其自然的变化而已，可以没有欢喜和悲伤。

尽管深秋万物萧瑟，但人们深知风雨不节、寒暑不时的危害，希望霜能够如期而至，因为只有这样，气候才是按照常理出牌。

古人认为"霜降日宜霜，主来岁丰稔"。所以有"霜降见霜，米谷满仓"的谚语。该下霜时最好下霜，虽然看似肃杀，但恪守时节规律，便是"正气"。《淮南子》中有这样的观点："三月失政，九月不下霜"，意思是说（农历）深秋九月寒霜还没有正常降临，就可能是阳春三月政事存在失当之处。发生气候异常，追溯成因，尽管古人找到的理由未必正确，但反映出人们希望霜应该按时降临的理性心态。

霜降，隶属秋季的最后一个节气。秋时已暮，所以也被称为杪（miǎo，树梢）秋。秋，已如黄叶，随时飘零。《楚辞》:“靓杪秋之遥夜兮，心缭悷而有哀。”对于二十四节气起源的黄河流域地区来说，从前的说法是“霜降见霜花儿，立冬见冰碴儿”。但随着气候变化，初霜经常迟到，往往是霜降见不到霜花儿，立冬见不到冰碴儿。

全国平均而言，霜降，是一年之中昼夜温差最大的时节。股市中，有牛市、熊市，有人将那种上蹿下跳的行情称为“猴市”，而霜降时节一天之中的气温变化就具备了“猴市”的特征。从寒露、霜降到立冬，即由深秋到初冬，是一年之中气温下降速度最快的一段时间。所以从宏观来看，这段时间是气温的“熊市”；而从微观来看，一天当中又是大幅震荡的“猴市”。

气候变化背景下，天气也越来越呈现“猴市”特征。

霜降一候
豺乃祭兽

豺类狗而长，尾白，颊前高后广，其色黄。是月，取兽四面陈之，以祀其先世，谓之豺祭兽。豺獭形别，鱼兽稍异，其义一也。

在古老的节气物语当中，有三个与祭祀有关的物语，分别是：雨水一候獭祭鱼，处暑一候鹰乃祭鸟，霜降一候豺乃祭兽。

初春时节，“此时鱼肥而出，故獭先祭而后食”。

初秋时节，鹰“先杀鸟而不食，与人之祭食相似”。

深秋时节，豺“杀兽而陈之若祭”。

它们都是在食用之前，仿佛举办一个成就展，把战利品陈列一番，嘚瑟一下。在古人看来，这是它们心有敬畏、心存感恩的虔诚祭祀。

从时间次序可以看出，鹰之祭鸟是在初秋，豺之祭兽是在深秋。都是准备过冬的食物，但两者却相差整整两个月。看起来似乎是鸟类更敏感，而兽类更迟钝。或许是兽类牙齿锋利、身手敏捷，所以“艺高兽胆大”。但深层次的原因是，取决于它们的猎物什么时候更多，更膘肥肉美。

兽类之所以在霜降之后才动手捕猎，原因有两个：

第一个原因，是食物的品质问题。秋天食物最丰富，谚语说：“霜降节，树叶落，鸡瘦羊肥。”深秋时节，鸡因为产蛋，所以瘦了，它是特例。但其他的动物都胖了，小动物们每天都可以吃饱吃好，每天都在贴秋膘。处在食物链顶端的兽类，并不忙于捕猎，“让子弹再飞一会儿”，等到猎物膘肥体壮的深秋再下手。

第二个原因，是食物的保质问题。鸟类的食物虽然有荤有素，但以素为主，是植物类的，例如籽粒、果实。经过晾晒、风干，很容易储存。但凶猛的兽类是只吃肉不吃草。如果它们在气温较高的初秋就积攒过冬的肉食，保质期很短，很容易腐烂。所以在寒意袭人的霜降节气才开始集中捕猎。况且，即使冬天，它们依然可以外出捕食，还能斩获新鲜的食物。

“豺祭以兽，其陈也，方秋猎候也。”“豺乃祭兽”被视为人们可以开始秋猎的标识。

霜降二候
草木黄落

草木黄落者，土之色。百昌皆生于土而反堕于土。是月，肃杀之气甚极，草拂之而色变，木遭之而叶脱。万物故乃黄落，落则反归于土矣。

在春天和夏天的节气物语中，动物和植物的主题词，是**振**：立春蛰虫始振；是**动**：雨水草木萌动；是**华**：惊蛰桃始华，清明桐始华；是**秀**：小满苦菜秀；是**鸣**：惊蛰仓庚鸣，立夏蝼蝈鸣，芒种䴗始鸣，夏至蝉始鸣；是**出**：立夏蚯蚓出；是**生**：谷雨萍始生，立夏王瓜生，芒种螳螂生，夏至半夏生……

无论是振是动是鸣，是华是秀，是出是生，都体现着万物的精彩和生命的活力。草木返青有早有晚，开花结实有先有后。但霜降时节，草都枯萎了，叶都凋落了，有一种“一律格杀勿论”的感觉。古时候，草木黄落便是人们“伐薪为炭”之时，人们需要做好过冬的各种准备了。

当然，这只是适用于节气起源地区的物语，植物四季常青的南方可以无视这一说法。

霜降时节，“青山隐隐水迢迢，秋尽江南草未凋”；立冬时节，“初冬景物未萧条，红叶青山色尚娇”。

霜降三候

蛰虫咸俯

蛰虫咸俯。孔氏曰：俯，垂头也。前月但藏而坯户，至此月既寒，故垂头向下以随阳气稍沉在下，又涂塞其户穴以辟地上阴杀之气，故曰咸俯也。

《礼记·月令》曰："（季秋之月）蛰虫咸俯在内，皆墐其户。"蛰虫们都关闭了门户，安居在洞穴深处。

唐代《礼记正义》："俯，垂头也，墐涂也。前月但藏而坯户，至此月既寒，故垂头向下，以随阳气。阳气稍沉在下也。"

所谓"蛰虫咸俯"，描述的是蛰虫们垂下头的样子，说明都已经进入冬眠状态了。这则物语，写起来很传神，但对于观测，却殊为不易。蛰虫咸俯，似乎也是一种"一刀切"，蛰虫们集体冬眠。有些动物即使不冬眠，也开始进入隐居状态。古时候，"霜始降，百工休"，霜冻降临，是工匠们天气假期的开始。为什么"百工休"呢？《礼记注》的解读是，降霜之后，"寒而胶漆之作不坚好也"。

蛰虫咸俯之时，天子会要求"有关部门"提示民众："寒气总至，民力不堪，其皆入室。"人们开始了虽未"咸俯"但关闭门户的御寒日子。对于农民而言，"过罢秋，打完场，成了自在王"。秋冬交替之时，才能享有久违的自在。

秋天与冬天的物候分界线，是"蛰虫咸俯"；天气分界线就是"水始冰"，一切都回归自在的安静。

冬

德寒之冬

立冬

- 平均气温 4.8℃、平均最高气温 10.0℃、平均最低气温 0.3℃。
- 平均日照时数 6.0 小时，平均相对湿度 52%。
- 这是北京降温速度最快的节气。
- 随着气候变化，北京首次出现 0℃以下气温的时间也由霜降二候（10 月 28 日，1951—1980 年）推延到了立冬一候（11 月 8 日，2009—2018 年）。

中国古代所创立的是四季等长的季节体系。

什么是春天？标志是东风解冻。只要趋势性回暖了，冰雪开始融化了，就是春天来了，尽管依然很冷。而现代的标准是平均气温超过 10℃入春。

什么是秋天？标志是凉风至。只要气温从巅峰状态开始下降了，就是秋天来了，尽管依然很热。而现代的标准是平均气温低于 22℃入秋。

可见，古人的立春和立秋，是气温的拐点，而并不是体感宜人的温度区间。但这并不能说是古人把换季的节气给弄错了，因为古人更在意的是阴阳流转的神似，而不是气温丁是丁、卯是卯的形似。

相比之下，古代与现代的入冬标准是最相近的，差异最小。古代的标准是水始冰，现代的标准是日平均气温连续五天滑动平均序列，低于 10℃并稳定通过。对于二十四节气起源地区而言，以现代科学的标准，也确实是立冬时节入冬。虽然古人并没有量化的气温标准，但以水始冰、地始冻作为冬季来临的标识，是比现代“日平均气温稳定低于10℃”更好的平民标准，因为它特别直观。霜降见霜花儿，立冬见冰碴儿。即使没见冰碴儿，也是“立冬一日，水冷三分”。

但现代科学的入冬标准有什么好处呢？比如天气冷了，我们忽然见到冰碴儿了，好像是入冬了。可随后又热了，秋又杀了个回马枪。可能冷两天暖两天，再冷两天再暖两天，用东北话说，这换季换的，“秃噜返账的”。所以现代的科学标准，就避免了这种拉锯或者复辟。

当然，科学的标准，优点是很严谨，缺点是太烦琐。而比节气起源地区更北的地方，是还没到立冬，实际上冬天已经来了。但在节气起源地区以南的地方，冬天至少会再错后一个节气，大家一般是在小雪时节相继入冬。当然再往南，还有一些地区长夏无冬，并没有气候意义上的冬天。可能只是偶尔冷几天，疑似冬天而已。

清代《农候杂占》：“（农历十月）十六日谓之寒婆生日，晴主冬暖……传云，彼中客旅远出，专看次日，若晴暖，但用随身衣服而已，不必他备。言极准也。”从前在南方，人们依照本地气候，在立冬之外另行定义寒冷天气的起始时间，并创造出“寒婆婆”这个称谓。这实际上是对晚于立冬节气入冬的一种本地化订正。而且这个时间节点的天气还被赋予了预兆意义，晴则预示冬季气温偏高。

英国作家阿兰·德波顿《旅行的艺术》：“时序之入冬，一如人之将老，徐缓渐近，每日变化细微，殊难确察，日日累叠，终成严冬。因此，要具体地说出哪一天是冬天来临之日，并非易事。”英国身处温带海洋性气候，入冬的进程是一种悄然潜行。是以阴雨渐多、气温微降的方式完成秋冬交替的，所以人们几乎难以察觉确切是哪一天入冬的。

而大陆性气候的冬天，往往是轰然降临的。我们的入冬方式通常是“以风鸣冬”，一轮凛冽的大风降温，便强行地拉近了我们与西伯利亚的距离。“今宵寒较昨宵多”，怎么会不知道哪一天入冬呢？！

全国平均而言，立冬，通常是一年中气温下降速度最快、最容易出现断崖式暴跌的时段。当然，南方一些地区滞后，降温最快的是小雪节气。立冬之后，由北到南，气温梯度加大了，气压梯度也加大了。立冬时，南方还经常有天气和暖的“(农历)十月小阳春”，而北方已开始进入“以风鸣冬”的寒冷时段。所谓“以风鸣冬”，是冬季与秋季的对比。立冬时节的平均风速，确实是陡然增强，并且是整个秋冬季节的峰值。古人认为，此时的寒风，乃是“正气”，是顺应时令的风。

所谓的“四正之风”，是：

春气温，其风温以和，喜风也。

夏气盛，其风飙以怒，怒风也。

秋气劲，其风清以凄，清风也。

冬气实，其风惨以烈，固风也。

也就是什么季节理应刮什么样的风。当然，古人是以感性的方式描述风的特质。冬季的风为什么叫作“固风”呢？因为冬季气温低，气压高，空气密度大，因此人们感觉“冬气实”，感觉风更硬。但从风力的气象观测而言，春季风最大，冬季次之，然后是夏季，秋季的风最小。其实春天的风最容易发怒，或许因为它是催生万物的“一团和气”，使人们并未过多在意它的坏脾气。夏季，雷暴大风等强对流天气经常盛行，给人留下了时

常发飙的负面印象。但那只是短暂的瞬时风速，如果以平均风速来衡量，夏季的风似乎比春季温柔许多。秋季的风最小，但一提起“秋风乍起”，人们便有了草枯叶落的画面感，所以人们把秋风定义为凄清。

冬天的风虽然被古人说成是惨烈的风，但按宋代沈括的说法，“冬月风作有渐”，不像“盛夏风起于顾盼间”。

立冬时节秋冬交替，雨在消减，而“雨”字头的很多天气现象却在增生，比如霜、雪、雾、霾等。大约45%的雾霾天气发生于冬季，发生概率远远高于其他季节。所以有人调侃，立冬节气应该叫作立霾节气。网上也转发着这样的诗句：世界上最远的距离，是牵着你的手，却看不见你的脸。

从前人们并不喜欢“以风鸣冬”的立冬，但因为制造大风降温的冷空气，具有吹散雾霾的功力，于是在大家的心目中，渐渐变成了“正面人物”。雾霾肆虐的时候，人们是多么期盼冷空气光临，让大家“喝”到清冽的西北风啊！雾霾，使人们有了苦苦“等风来”的期盼。有一次在微博上，某气象台台长刚发了一条大风降温预警，很多网友就留言说：这当口儿，你们怎么可以发大风降温预警呢，不是应该发布大风降温喜讯吗？以往的“反派”天气，如今反倒成了人缘儿最好的天气！

英语中有一则著名的天气谚语，叫作：No weather is ill if wind be still，没有风就没有坏天气。但对于英国而言，风也曾经是“清洁工”，甚至“解救者”！

英国作家克里斯蒂娜·科顿在《伦敦雾：一部演变史》一书当中描述了1820—1960年间伦敦的雾霾困境。说那个时候的伦敦，一天当中，似乎只有两个时段，一个是深夜，一个好像是深夜。地面覆盖着一层厚厚的、油渣饼似的外壳儿。

雾,是什么颜色的呢?是“豌豆汤颜色的雾”,浓到什么程度呢?是像布丁一样“黏稠到可以勉强咽下去而不至于被噎住”的程度。国际通用的云分类法的创立者卢克·霍华德,专门研究云的人,据说晚年也只能研究雾,因为他几乎不再能够看到云。我猜想,在那个年代,人们也不可能信奉“没有风就没有坏天气”这句谚语。希望未来,雾霾只出现在历史档案里,成为人们陈旧记忆的一部分。

立冬之后,便是北方初雪时节的降临。谚语说“九月田垌(dòng,田地)金黄黄,十月田垌白茫茫”。仅仅一个月的时间,大地便卸了妆,重新以素颜示人。从前是用“田垌白茫茫”来形容霜雪,但现在,偶尔有白茫茫的雪,经常是灰蒙蒙的雾。对南方而言,“(农历)八月暖,九月温,十月还有小阳春”。《岁时事要》:“十月天时和暖似春,花木重花,故曰小春。”暖气团撤退之前,还可能会恋恋不舍地营造一番和暖的小阳春,一番感人的作别。这时的江南,“禾稼已登”,小阳春正好晒谷,让人感觉这是秋天最美的时光。“一年好景君须记,正是橙黄橘绿时。”

其实过了秋分,各地在气温方面的“共同语言”便越来越少了。立冬时节,温度的南北差异,就像一位网友的留言:“我在南方露着腰,你在北方裹着貂。”当然,最好别露腰,也别裹貂。前半句不太文明,后半句不太生态文明。不过在古代,立冬时节北方地区的人们尽管未必裹着貂,但穿皮衣却是御寒的首选。

明代邝露《赤雅》:“南方草木可衣者,曰卉服。”对于长夏无冬的华南地区而言,曾经是“蕉竹麻苎皆为衣”。气候温暖,且草木繁茂,似乎穿“卉服”就能解决蔽体和御寒的问题。

但对于寒凉的北方而言,“七月流火,九月授衣”,冬装却是天大的问题。按照《礼记·月令》的说法，农历十月，“是月也，天子始裘”。天子穿上皮衣，以更换冬装的仪式，昭告民众，冬天来了，需要赶紧御寒了。

后来很多朝代都沿袭了这样的习俗，在“十月朔”或立冬日，行“授衣”之礼。然后大家穿上新衣服，相互“拜冬”，互道珍重。对于达官显贵而言，四季服装中，春夏秋三季可以有各种面料，春秋绸缎、夏纱麻，还可以穿吸汗透气的粗布葛衣，但冬季几乎只有一个最好的选择：裘，裘皮衣物。所以“裘葛”一词，就成了四季服装的代名词，也借指寒暑变迁。清代学者孙希旦这样解读“裘葛”：“四时之服不同，而独言裘葛者，以其寒暑之大别也”，即用最冷和最热时的衣装，泛指所有的衣装。

清代诗人盛锦《别家人》：“点检箧（qiè）中裘葛具，预知别后寄衣难。”远行之前，在家里一定要把要带的四季服装都清点好。出门在外，寒暑交替之时，邮寄衣物就太难了！那时没有快递小哥。虽然古时的皮衣都叫裘，但裘和裘的档次大不相同。

明代宋应星《天工开物》：“凡取兽皮制服，统名曰裘。贵至貂、狐，贱至羊、麂（jǐ），值分百等。”司马迁在《史记·自序》中写道：“夏日葛衣，冬日鹿裘。”用鹿裘来描述简朴。而《诗经·七月》中“取彼狐狸，为公子裘”，取狐和狸的皮，为公子制作冬装，表达的是一份厚重的心意。

在宋代之后，棉质冬装逐渐成为人们过冬御寒的主力服装。于是既有时尚的棉质冬装，又有经典的皮质冬装。

《红楼梦》第六回中，“秋尽冬初”，即立冬时节，刘姥姥第一次进荣国府，看见凤姐穿的是什么呢？是“穿着桃红撒花袄，石青绛丝灰鼠披风，大红洋绉（zhòu）银鼠皮裙”，算是棉质衣物和皮质衣物的混搭。而且凤姐是“粉光脂艳，端端正正坐在那里，手内拿着小铜火箸（zhù）儿拨手炉内的灰”。凤姐还拿着手炉，用铜制的火筷子拨弄着手炉里的灰烬。

其实早在先秦时期，人们就已经开始生火取暖了。《吕氏春秋》当中记载了春秋时代卫灵公在冬天是如何取暖的，是“衣狐裘、坐熊席，四阵有火”。当时的所谓“火阵”是在庭院四周都燃着火。后来，这种露天的篝火，变成了室内的炉火，并且渐渐有了个性化的小手炉。初唐诗人宋之问在宫廷里的秘书省值班的时候写了一首诗——《冬夜寓直麟阁》，其中有这样几句，“直事披三省，重关闭七门；广庭怜雪净，深屋喜炉温”，可见唐代的宫廷里是有“暖气”的。

而对于平常百姓来说，虽然没有精致的暖炉，但到了农历十月的初冬时节，除了换上冬装之外，也都要在家里生火取暖。唐代之后，北方地区农历十月初一生火取暖逐渐成为一种不约而同的民间习俗，名为“添火”。开炉的第一天很像是一个节日，被称为“暖炉会”或“炉节”。

按照清代《燕京岁时记》的记载，那时候的北京是农历十月初一添火，二月初一撤火。与现代北京的供暖期时长比较接近，但开始“添火”的时间比现在要早。节气歌谣中的“立冬交十月”，看起来似乎只是在描述时间，但实际上另有一番深意。一是提醒人们添火，二是提醒人们加衣，也为故去的先人“送去”冬装，十月朔这一天也称为“寒衣节”。而在清代，十月初一这一天皇帝将历书《时宪历》“颁赐诸王、贝勒暨文武各官”。这些人“是日俱朝服在午门外行礼跪领”。人们在将冬之时，恭迎包括二十四节气在内的新历书，以备次年之用。

冬天来了，既要解决温，又要解决饱，这是一个畅快“进补”

的时节。立冬之时，万物终成，这是人们最有成就感的时候，也是人们终于可以清闲，终于可以犒赏自己的时候。所以人们有“立冬补冬”的习俗。平常吃的清淡、简单，到了立冬，人们往往买上什么四物、八珍、十全之类的药材炖鸡、炖骨。很多地方立冬吃饺子，有的还特地吃倭瓜（南瓜）馅儿的饺子。夏日里收获的南瓜经过“糖化”之后，到冬日时，味道变得浓郁而香甜。

“立冬进补，开春儿打虎。”人们希望强身健体，既能熬过寒冬，又要着眼春耕；但虎就别打了，人家现在已经是一级保护动物了。

“立冬补冬”的本意是冬天来了，大家热热乎乎地冬补御寒。但各地的气候大不相同，例如台湾，立冬时的平均气温22.9℃，平均最高气温26.6℃，还是气候意义上的夏天。所以人们立冬补冬的习俗，体现的是文化传统，并不是气候本意。

所谓“立秋贴秋膘，立冬补嘴空”，说的是从前食物特别匮乏，秋收之后可吃的东西终于多了，人们也有闲工夫，有好胃口了，可以时不时地吃点儿想吃的东西了。但对于现代人来说，食物的充足与多样，已经超越了时令，或许嘴就从来没空过，所以也就没有了古人对于“立冬补嘴空”的期待。

在江南，人们说“不时不食”。对于气候温暖、物产丰足的地方而言，可以有这样的底气，主要吃的是本地、应季的新鲜食物。但对于气候寒冷的地区来说，从前人们冬天里只能食用那些窖藏的或者晾晒的夏天或者秋天的食物。所以忙完田里的活儿，还要忙活家里的活儿。趁着立冬，还要晾晒，还要酿酒、制腊肉、舂菜、腌菜。夏秋收获的很多食材，就这样晾着、酿着、腌着、酱着，打造出当令新鲜之外的另一番味道，成为美食的续集，体现着时间运化的智慧。

即使现在四季都可以吃到新鲜的蔬菜和肉食，但人们还是经常会偏爱那些酱过的、腌过的、糟过的、熏过的味道，偏爱那些被时间炮制的、发酵的食物。而酒，更是因时间而醇厚的岁月佳酿。春耕夏耘，如何顺天时、借地利，体现着人们的智慧，以获取物产。而获得物产之后，如何打磨和酿制，或许体现着人们更高的智慧。我们常说一个词——“不经意”，而节气习俗带给我们的，是“经意”的生活，是细腻的，有预期的，有着时间愿景的生活。

冬季的表象是冷峻而寡淡，但本质却是平和与安宁。仿佛上苍赐予我们这样一个季节，就是希望我们能够有一段看似“无为”的时间，守持宁静，清修心体。在苦寒的岁月里，过冬似乎是一场修行，它特别能够检验人们身心宁静的能力，或许也是造就思想和思想家的季节。“门尽冷霜能醒骨，窗临残照好读书。”修行的境界，便是“意叶心香”，便是不必借助吐艳的花、滴翠的叶、溢香的果，是一种无须物化的美。我们常说良辰美景，而修行便是能把看似不是美景的日子，过成良辰。

冬天，大地卸去了盛装，以素颜示人，让人们体验着繁华褪尽的安静与简约。与长冬无夏、长夏无冬或者四季如春的气候相比，暑往寒来的全版本四季循环模式，使我们对于岁月沧桑有了更深刻的感触。

《潜虚》：“日息于夜，月息于晦，鸟兽息于蛰，草木息于根。为此者，谁曰天地？天地犹有所息，而况于人乎？”

《皇极经世》：“冬至之后为呼，夏至之后为吸，此天地一岁之呼吸也。”

万物的生长有播放键，有快进键，也需要有一个暂停键。冬天虽然寒冷，但让万物有一段蛰伏、止息的时间不好吗？人们也可以趁着这段时间从容地内敛、蓄势、养生，让机体和心神都顺应着时令的节律。

感谢寒与暖收放自如的四季，感谢秋收之后上苍给予我们一段“带薪休假”的时间。

立冬一候

水始冰

水始冰。《淮南子》云：『水向冬则凝而为冰。』是月，水始冰，澌薄冰也。词云『玉壶一夜冰澌满』。水以阳释，冰以阴凝而结冰也。

古人认为，阴气凝结而为霜，阴气积聚而为冰。在阴气由凝结到积聚的过程中，完成了秋冬交替。

《金史·河渠志》:“春运以冰消行。暑雨毕，秋运以行冰凝毕。”冰凝之时，便是秋天的终结。元代《月令七十二候集解》:“水始冰，水面初凝，未至于坚。”所谓“水始冰”，是水面刚刚开始结冰，远非坚冰。用唐代元稹的话说，是“轻冰渌水”，薄薄的冰，清清的水，0℃的冰水混合物。

从立冬一候的“水始冰”，到大寒三候“水泽腹坚”，冰冻三尺非一日之寒，而是近百日之寒。冰冻的进程，是“孟冬水始冰，仲冬冰益壮，季冬冰方盛”。

所以，立冬是什么?

立冬就是由水到冰，由三点水（氵）到两点水（冫），从三点到两点，让世间简单一点。

立冬二候

地始冻

地始冻。盖地气闭而阳不能熙，孟冬者，重阴之始，故言地始冻也。

元代吴澄《月令七十二候集解》:“地始冻，土气凝寒，未至于坼（chè）。”是说土地开始积聚寒气，开始冻结，但还没有冷到冻裂的程度。无论是立冬一候“水始冰”，还是立冬二候“地始冻”，都只是“始”，还未“封”。要到飘雪时节，才逐渐进入冰封状态，“小雪封地，大雪封河”。

但根据节气起源地区的现代物候观测，“水始冰”的时间，通常是在小雪一候，延迟了大约一个节气。“地始冻”的时间，往往会延迟到小寒一候。所以“水始冰”“地始冻”已经完全不能作为立冬时节的物候标识了。即使在北京，也要到大雪时节，平均地温才能稳定地降至0℃以下。

立冬三候

雉入大水为蜃

雉者，其类不一，十有余种：曰鷂，曰鷮，曰鳪，曰鷩，曰秩，曰雗，曰鵫，曰翚，曰鶾，曰鷗，曰鵗，曰鶇，曰鸐，虽有名焉，应候之禽，唯取鸐，山雉也。雌者性刚介，雄者好斗，《白孔六帖》云则表而出之即野鸡也。是时，感气而化蜃，蜃，大蛤也。故曰雉入大水为蜃。

蜃，是一种大蛤。古人认为，它能“吐气为楼台”，海市蜃楼便据信出自蜃气。立冬三候“雉入大水为蜃”，是“寒露二候雀入大水为蛤”的续集。在由秋到冬的过程中，各种候鸟飞走了，似乎各种留鸟也不见了。它们到哪里越冬呢？

人们在“补冬”之际，吃着各种蚝、各种蚌、各种蛤，发现其中大蛤的贝壳色泽和纹理很美，酷似雉鸡。于是人们似乎有了答案，留鸟们可能是到大水里越冬。这当然只是一种假说，人们未必以此为训。所以有人说“雉之为蜃，理或有之”，它或许有道理；有人说“蜃蛤成于大水，原非亲见之言”，它只是传说而已。

其实入冬之后，野鸡并没有入水，它们只是隐居在山林之间。从前在东北，人们以“棒打狍子瓢舀鱼，野鸡飞到饭锅里”来描述山林中的自然生态。康熙朝《盛京通志》：“（顺治十一年）十一月，（辽宁）大雪深盈丈，雉兔皆避入人家。”严寒之时，野鸡甚至投怀送抱地跑到人们家里御寒。

很多现象，都是始于假说，终于正解。

小雪

- 平均气温1.3℃，平均最高气温6.2℃，平均最低气温-2.8℃。
- 平均日照时数5.8小时，平均相对湿度50%。
- 北京的平均初雪日期为11月29日，小雪二候，但21世纪10年代的初雪迟到现象较为突出。唯有2019年冬季的初雪很神奇地在11月29日降临。

由雨到雪，虽只是降水相态的变化，但雨被视为凡尘之物，而雪却是高冷、高洁、高雅的象征。二十四节气的节气名中，最可爱的或许就是小雪，因此它也就成了很多人的名字。小雪应该是“成名率”最高的节气了。

在人们看来，11月是一个几乎没有节日的月份。但往往下雪的那一天，就像是突然降临的一个节日。一场雪，可以唤醒人们对于这个世界的全部好感。

小时候下雪天特别喜欢出去踩雪，干雪踩上去“嘎吱嘎吱”的，湿雪踩上去“pia叽pia叽”的，厚厚的雪踩上去“枯吃枯吃”的。一直觉得这几个词是童年时特别美的雪中记忆。

《诗经》当中有一句诗，我特别喜欢，“北风其喈，雨（yù）雪其霏；惠而好我，携手同归”。北风使劲刮，大雪随意下；幸亏有你对我好，手拉手咱一起回家。极具画面感，洋溢着雪中的温情。这时的雪已经不仅仅是一种天气了。

元代吴澄《月令七十二候集解》："雨为寒气所薄，故凝雨为雪，小者意为其未盛之辞。"

明代王象晋《群芳谱》："小雪气寒而将雪矣，地寒未甚而雪未大也。"按照古人的解读，为什么会下雪？是因为天气寒冷。为什么叫作小雪？因为雪下得不够大。但是，如果按照气候平均值，对比小雪时节和大雪时节，却会发现，小雪时节的降水量其实比大雪时节更大！

那为什么反倒叫小雪呢？或许有三个方面的原因。

第一个原因，小雪时节往往雪花"发育不良"，下的未必都是雪。《诗经》有云："相彼雨雪，先集为霰。"往往刚开始下的还不是雪，而是霰。

南北朝谢惠连《雪赋》："岁将暮，时既昏。寒风积，愁云繁……俄而微霰零，密雪下。"

风越来越凛冽而凶猛，云越来越低沉而浓重，先下的是零星的霰，后下的是密集的雪。所以霰，仿佛是雪的序曲，还没来得及"发育"成雪花。霰，在各地的俗称有很多，比如雪籽儿、雪粒儿、雪丸儿、雪糁（shēn）子、雪豆子、软雹子等。

元代娄元礼《田家五行》："雨夹雪，难得晴。谚云：夹雨夹雪，无休无歇。"也就是说，不光有霰，下的还有雨、有雪、有雨夹雪，雨雪交替或雨雪混杂。因为小雪时节天气还不够冷，冷暖气团交战，暖的一方稍占上风，就是雨；冷的一方稍占上风，就是雪。一会儿雨、一会儿雪，还时不时地雨夹雪，双方形成拉锯战，所以才会"无休无歇"。因此，小雪之所以叫作小雪，第一个原因是：这个时候下的，未必都是雪，可能是大杂烩，不纯粹。

第二个原因，小雪时节下的，即使是雪，也往往随下随化或者昼融夜冻。即使降水量不算小，可是在地面上，几乎留不下什么“证据”。到了大雪时节，就不一样了。下了雪，能够形成积雪，有雪“摆在桌面上”。

有时纷纷扬扬一场雪，下完了就安安稳稳地“坐住了”，而且“坐”一冬，叫作“坐冬雪”。这个时候的雪，湿雪少了，干雪多了，基本上是那种适合堆雪人儿、打雪仗的雪，被人们称为“像样儿的雪”，人缘儿好，印象分儿高。对比小雪时节和大雪时节的三项指标：降水量、降雪日数、积雪日数。

小雪时节降水量更大，但大雪时节不仅降雪日数多，而且积雪日数也多。

所以第三个原因，是大雪时节雪下得更勤，次数更多，让人感觉小雪时节是开始下雪，大雪时节是经常下雪。

当然，各地的情况大不相同。我曾在2011年的小雪节气来到峨眉山气象观测站。这里的海拔3047米，常年没有夏天（极端最高气温22.7℃），年平均有314天大雾，211天下雨或者下雪，年平均相对湿度85%，所以经常是阴沉沉、湿漉漉、雾蒙蒙的。这里的降雪季是从秋分到立夏，有七个多月。我小雪节气来到峨眉山的时候，这里刚刚下过雪，但已是秋分之后的第十二场雪了。

对于二十四节气起源地区而言，小雪节气正是初雪时节。例如西安—郑州—济南，黄河流域这一线，甚至包括北京、天津、太原、石家庄在内的华北地区，都是在小雪时节迎来第一场降雪。而在长江中下游地区，第一场雪是要到大雪时节才会陆续降临。通过降雪，我们就可以粗略地划分北方和南方。就气候平均而言，不晚于小雪时节开始出现降雪、不早于惊蛰时节结束降雪的地方是北方。而从降雪季来看，降雪季少于三个月的是南方，多于三个月的是北方。

1951—1980年我国降雪的南界，大致是在南宁—梧州—广州—汕头一线。而20世纪80年代之后，随着气候变化，降雪的南界向北收缩了大约100公里。海南万宁（古称万州），在明代正德元年（1506年）曾大雪纷飞，这可能是中国最南的降雪纪录了。

在北京，会有这样的感觉，似乎小雪时节即使不下雪，也难得响晴，阴沉的天气很多。当然，有些是雾霾。“雪含欲下不下意，梅带将开未开色”，这几乎就是一种预报。要下雪的时候，也会隐约地有一种预感。一出门儿，天灰蒙蒙的，似云似雾，没有风，却有针扎一般的冷，呼出的哈气白花花的。有人会脱口而出：好像要下雪哦！

冬天里的第一场雪，经常就是这样悄悄地酝酿着，但又能让人稍微有所察觉。正所谓“连朝浓雾如铺絮，已识严冬酿雪心”。但要想提前几天、准确地预报第一场雪，其实并不容易。因为不仅要报准有没有降水，还要报准降水是雨是雪，还是雨夹雪，温度的差距经常就在毫厘之间，即使是很有经验的预报员也常常为此而纠结。记得前几年，和网友沟通的时候，我说：“初雪如同初恋，预见不如遇见。”是说预测初雪的难度，接近预测初恋的难度。

2015年初冬，气象台预报了北京11月21日、22日（小雪节气）连续两天强降雪。这对于经常降雪“难产”的北京而言，无疑是人们心目中的饕餮盛宴。很多人21日一大早就来到故宫守候，因为这里是全北京雪景最美的“大院”。但遗憾的是，21日人们预期中的大雪却是大雨。当时的温度只要再低0.5℃左右，下的就是大雪。温度上的失之毫厘，便是降水相态上的谬以千里。好在第二天，小雪节气当天，下的真是大雪。一场迟到的大雪，慰藉了那一颗颗“受伤”的心。

入冬之后多少天就会迎来第一场雪呢？东北地区比较快，入冬之后一般10天左右就会开始下雪。而从华北到江南，包括节气起源的黄河流域地区，通常都是入冬之后的20—25天迎来第一场降雪。

从前在江南有一个说法，农历十月二十五日是“雪婆婆”的生日。虽然同是天气现象，代表风雨的风伯、雨师都是“官方”认定的国家级层面的神灵，而代表雪的“雪婆婆”，只在民间享有礼遇。和“雪婆婆”级别相同的是“寒婆婆”，农历十月十六日是“寒婆婆”的生日。《农政全书》：“（农历）十月十六日为寒婆生日，晴主冬暖。”

据说郑板桥有一件颇为自豪的事情，并因此刻了一方印章，上面写着“雪婆婆同日生”。因为郑板桥出生于1693年11月22日（那一年11月21日为小雪节气），即清代康熙三十二年十月二十五日，与“雪婆婆”同日出生。我们可以假定，“寒婆婆”的生日为入冬日期，“雪婆婆”的生日为初雪日期。虽然两位婆婆都是被杜撰出来的，但人们给婆婆们“指定”的生日看起来却不是胡乱编排的。立冬之后，渐渐地由凉到寒，“寒婆婆”便出生了。天气先寒而后雪，“寒婆婆”出生十天左右，“雪婆婆”也跟着出生了。以现在的气候看，“寒婆婆”比“雪婆婆”早出生20—25天，但在清代只有10天左右。

虽说“寒”和“雪”都被称为婆婆，辈分相同，但气寒而雪，所以从天气原理来看，寒婆婆比雪婆婆的辈分要高。他们似乎不应该是“同一辈人”。但按照现代的气候观测，长江中下游地区一般是在大雪到冬至时节迎来初雪。当然，明清时期的气候比现在寒冷，寒婆婆和雪婆婆都比现在出生得早。

至于为什么雪的形象代言人是一位婆婆呢？古人常说兴风、作浪、行云、布雨、酿雪。字里行间透露着，似乎制造一场雪比制造其他的天气现象要更烦琐，或许只有做事细致的婆婆才能胜任吧。而且还有一层含义，瑞雪兆丰年，雪比其他天气现象更具有吉祥的意味，慈祥的婆婆应该更适合做它的“形象代言人”。雷公、电母、雨师、风伯、老天爷……这些称谓听起来都很有威严，都要让人仰视和敬畏。只有雪婆婆、春姑娘这样的称谓，听起来很和善、很俏皮。

从前在小雪节气，人们特别在意的一件事，是进行天气占卜。

第一项是先看是不是按时下雪。小雪时节降雪，是“守常”，遵守常态，即气候规律。

“小雪降雪大，春播不用怕。”

“小雪下雪雪盈尺，来岁丰年笑弯眉。”

“小雪节日雾，来年五谷富。”

“小雪有大雾，来年雨水下个透。”小雪节气如果出现大雾，来年雨水丰沛，五谷丰登。

小雪一候

虹藏不见

虹以阴阳交而见，是乾道不兴。地道已宁，阴阳至极，故纯阴纯阳则虹藏不见也。

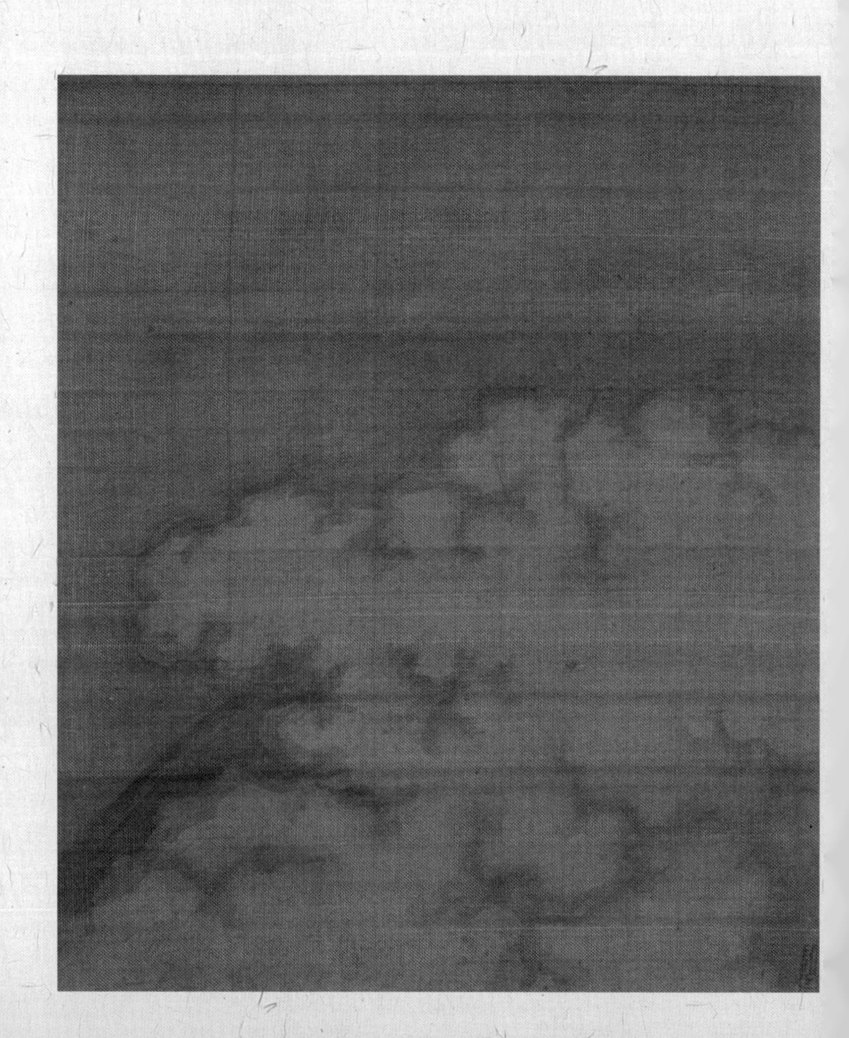

为什么小雪节气“虹藏不见”，我们看不到彩虹了呢？汉代高诱《吕氏春秋注》：“虹，阴阳交气也。（孟冬）是月，阴壮，故藏不见。”汉代郑玄《礼记注》：“阴阳气交而为虹。此时阴阳极乎辨，故虹伏。”

在古人看来，虹是什么？是阴气和阳气交锋的产物。可是到了小雪节气，阳气已经没有与阴气争锋的能力了，所以我们也就看不到彩虹了。所以古人把虹藏不见当作一种标志，标志着阴气开始强盛到了没有对手的程度。阳气的态度变成了：我惹不起，但躲得起。

那什么时候阳气又重出江湖与阴气相抗衡呢？要到清明时节，清明三候虹始见。也就是说，从小雪一候到清明三候，这将近五个月当中，阳气前半段完全是卧薪尝胆，后半段也只是小试身手。直到阳春三月，才敢与阴气一争高下，争斗历时七个月，于是我们也就拥有七个月的彩虹季。

真实的情况是，彩虹只是太阳光照在雨后漂浮在天空中的小水滴上，被分解成了绚丽的七色光，也就是光的色散（sàn）现象。当然，所谓小雪节气虹藏不见，只是中原地区的气候。目前彩虹持续时间的世界纪录，就诞生在小雪时节。

【彩虹世界纪录：8 小时 58 分钟】

位于台北阳明山的“中国文化大学”，2017 年 11 月 30 日，观测到持续 8 小时 58 分钟（06:57—15:55）的“全日虹”。2018 年 3 月 17 日，这项纪录获得吉尼斯世界纪录的认证。

所以，二十四节气七十二候当中清明三候虹始见、小雪一候虹藏不见的说法，并非普遍适用。

小雪二候

天气上升、地气下降

天气上升地气下降者，是时，六阳从上退尽，无复用事，天体在上不近于物，似若阳归于天，故云天气上升。是月，纯阴用事，地体凝冻，寒气逼物，地又在下，故云地气下降也。

“天气上升、地气下降”，也被简称为“天腾地降”。《释名》曰：“冬曰上天，其气上腾，与地绝也。”冬季是天气上腾，与地相绝。

在古人的观念当中，天地之间有两组“气”，一组是天气和地气；另一组是阳气和阴气。

一年当中的晴雨寒暑，是由阳气和阴气之间的此消彼长、天气和地气之间的亲近或者疏远所造成的。小雪时节，从天上来的天之气向上升，从地下来的地之气向下降。这相当于它们俩渐行渐远，谁也不理谁。它们之间没有了冷暖、干湿的交汇、交融，完全处于“冷战”状态。

此时阳气和阴气是处于什么样的状态呢？汉代《孝经纬》：“天地积阴，温则为雨，寒则为雪。时言小者，寒未深而雪未大也。”这时“天地积阴”，阴气积聚、阳气潜藏。与燕子来了、桃花开了这样直观的节气物语相比，“天腾地降”这样的物语显得很抽象。

以现代科学的视角，降水的多与少，也是因为两种“气”。夏天降水多，是因为干冷气团与暖湿气团的交汇；冬天降水少，是因为干冷气团一家独大，甚至“一统天下”。而一年之中的寒暑变化，是因为太阳直射位置的变化。

夏至时，阳光直射北回归线，而且日照时间最长，太阳更青睐北半球；冬至时，阳光直射南回归线，而且日照时间最短，太阳更偏爱南半球。所以古人认为冬至时阴气达到鼎盛，然后盛极而衰，所谓“冬至一阳生”。小雪时节，阴气的气焰越来越嚣张，阳气完全没有还手之力，甚至连招架之功都没有。于是，虹藏不见，雨凝为雪。

小雪三候

闭塞而成冬

闭塞成冬，此月阴气凝固，阳须闭藏，天地壅蔽，万物不使宣露，昆虫皆蛰于土之下。闭藏之气，如窗牖门户，略无罅隙之道。天道不降，地道不升，是以天地之气各无沮泄，故乃闭塞而成冬也。

我们常说交通、交通，不交则不通，不通则闭塞。什么是闭塞成冬呢？不是指人宅在家里，躲起来“猫冬”；而是指阳气藏在地下闭关，阴气浮在地上游荡，它们俩毫无往来，没有交集，相互沟通的渠道被堵死了。

按照《吕氏春秋》的说法：

立冬和小雪所代表的孟冬，是“地气下降，天气上升；天地不通，闭塞成冬”。

立春和雨水所代表的孟春，是“天气下降、地气上升，天地和同，草木繁动”。

初春开始，上面的天之气向下，下面的地之气向上，它们俩变得很亲近甚至很亲密，于是它们联手酿造出越来越丰沛的降水，于是草木变得越来越繁茂。可是到了初冬，天之气和地之气完全中断了“业务往来”。尤其是地气，钻入了地下，形成了自我封闭的状态。而这种状态，便是“闭塞成冬”中的“闭塞”。

立冬时是水始冰、地始冻，是刚刚开始冻。随后的关键字则是：封。小雪封地，大雪封河；小雪封田，大雪封船。大地完全处于封冻状态，于是“闭塞成冬”。

大雪

- 平均气温 -0.9℃、平均最高气温 3.7℃、平均最低气温 -5.1℃。
- 平均日照时数 5.7 小时、平均相对湿度 47%。
- 从大雪节气开始，北京平均气温低于 0℃ 的冰冻天气逐渐常态化。
- 但随着气候变化，冰冻天气由 20 世纪 60 年代的平均每年 86 天，减少到了 20 世纪 90 年代的平均每年 59 天，减少了 31%。

时雪转甚

这个节气为什么叫作大雪？南北朝时期《三礼义宗》：“时雪转甚，故以大雪名节。”

元代《月令七十二候集解》：“大者，盛也。至此而雪盛矣。”从前民间人格化的二十四节气神，有人画的小雪神，是一个手持长矛的传令兵，长矛上挂着一面旗，叫作“招雪旗”，仿佛是由传令兵来下达开始降雪的军令。大雪神，还是个传令兵，但不是长矛上挂着招雪旗，而是手里使劲摇晃着招雪旗。

从这个细节的差异可以看得出来，在人们的意念中，小雪节气是开始下雪，大雪节气是频繁下雪。而且降水的形态变得更单纯，不再是雨雪交替或者雨雪混杂，也更容易形成积雪了。

有了积雪，才有银装素裹的景色，才有万山积玉的意境。所以小雪、大雪这两个节气，主要比的不是降水量之多寡，而是积雪之有无。

在所有降水现象中，只有雪享受着被赞美、被吟诵的待遇。并不仅仅是因为雪如花似玉，而是因为雪的“营养”更丰富。根据测算，1000 克雪水当中，含氮化物 7.5 克，大约是普通雨水的 5 倍，所以下一场雪便相当于施了一次氮肥。而且雪是慢慢融化，缓缓渗入的，其滋润作用更温和，也更持久。

英语当中有一个说法，叫作“Snowed under”字面意思是人埋在雪里。形容事儿太多，太忙，也太烦。但如果是冬小麦埋在雪里，便毫无烦恼。尚未融化的积雪，相当于为越冬作物盖了一层被子，“冬天雪盖三层被，来年枕着馒头睡”。

雪不仅是肥，是被，还是完全无公害的生态农药。“大雪半融加一冰，明年虫害一扫空”。所以冬天里的雪上加霜未必是一件坏事。当然，人们也希望雪下得恰到好处。汉代董仲舒《雨雹对》：“雪不封条，凌殄（tiǎn，消灭）毒害而已。”雪最好不要压坏枝条，只要能消除害虫就可以了。

当然，各种动物对于下雪，有着完全不同的好恶。谚语说：落雪狗欢喜，麻雀一肚气。

狗为什么喜欢下雪呢？据说是因为雪掩盖了其他狗狗的气味，它忽然发现了一片无主儿的“新大陆”，于是在雪地里开疆扩土，满地撒欢儿。麻雀为什么不喜欢下雪呢？因为一下雪，“粮食”就都被“雪藏”了，雪倒是管够儿吃，可不顶饱啊！

到了冬天，人们特别盼望着下雪，所以前些年在网上就有了这样一句流行语：“凡是不以降雪为目的的降温，都是耍流氓！”人们可以忍受降雪加降温，但不能忍受只降温、不降雪。清康熙五十四年（1715 年），那个冬天北京一场雪都没下，康熙帝说：“今年无雪甚好，朕实不要雪”。这算是一种很体面的自我安慰吧。

冬天，各地的网友经常相互攀比，你那儿下了几场雪，哪里还没下雪，似乎有一个关于降雪的鄙视链。2017—2018年那个冬天，北京一直不下雪，大家经常调侃这件事。当时北京的连续无有效降水纪录达到145天。临近春分的3月17日和临近清明的4月4日才各下了一场雪，在人们看来，这才算是勉强有了一个交代。

大家虽然盼雪，但盼来的雪有时也是麻烦制造者。例如2001年12月7日北京大雪节气的一场小雪。那场雪，降水量还不到2毫米。但恰好是傍晚时分，雪下了就化，但刚化了又冻，路面变成了亮闪闪的一层冰，偏偏又是周末晚高峰时间，所以造成了一夜的交通瘫痪。

有人形容大家等待降雪的心情，就像初恋少女等待男友，怕他不来，又怕他乱来。

现在气候变化了，冷暖空气经常“爽约”，该下雪的时候，经常“贫雪”。好不容易下一场，还浮皮潦草的，所以人们说：最大的雪几乎都下在了朋友圈儿里。

其实冬天里下一场雪并不容易。降雪，像是冷暖空气的约会。

如果只有冷空气孤独地来，那只是风一阵。

如果只有暖空气寂寞地等，那只是雾一场。

有的时候，好不容易在“老地方”成功约会，可惜约会地点温度太高了，本来可以浪漫地下场雪，但最终却变成了一场不浪漫的雨。

现在各地的降雪，不仅开始得越来越晚，而且下得越来越懒。例如北京，雪最多的是20世纪50年代，平均一个冬季有

19 天下雪。但进入 21 世纪以来，变成了 11 天。西安 20 世纪 50 年代的雪更多，一个冬季有 21.8 天。但 2011—2017 年平均只有 8.8 天。南昌 20 世纪 60 年代一年有 13.4 天下雪，而 2011—2017 年只剩下 4.7 天了。

北方很多地区的降雪日数都减少了百分之四五十，就连冬天盛行冷流降雪、被人们称为“雪窝子市”的烟台，降雪日数也减少了 52%。南方一些地区的降雪日数减少了百分之五六十，成都、桂林等地更是减少了 80% 以上。

雪，似乎正在成为一种“濒危”的天气现象。

在气候变化背景下，一方面是雪的“濒危”，一方面是气温的错乱。如果我们以 1951—1980 年的气温作为基准，为每一个节气确定一个温度波动的区间。也就是把 1951—1980 年的状况，视为各个节气的正常状态。那么最近十年（2008—2017 年），黑龙江的冬至、小寒、大寒这段隆冬时间由 45 天，缩短到了 15 天。而像大雪时节这样的非隆冬时间却由 15 天拉长到了 34 天。但在广东恰恰相反，最近十年（2008—2017 年），冬至由 15 天延长到了 29 天，而像大雪节气那样的温度状态完全消失了，换句话说大雪节气没了。温度缺少了中间的过渡和渐变。

气候变化，使得各个节气时段原来所代表的气候状态渐渐变异，该冷的时候不冷，或者冷不到原有的程度。虽然冬阳可贵，但人们还是盼望着下雪，哪怕天气阴沉沉的，晦暗湿冷。虽然人们惧怕寒冷，但还是希望该冷的时候就冷。

《吕氏春秋》曰：“冬之德寒，寒不信，其地不刚。”冬天的可贵之处就是寒冷，如果寒冷不讲诚信，不能按时到来，甚至“冬雷震震”，土地就不能冻得坚硬，万物就不能有一个深度休眠的时间。谚语说“大雪不冻，惊蛰不开”。暖冬之后往往是倒春寒。

在人们眼中，“大雪雪满山，来岁必丰年”。雪的降临，不仅仅是降水相态的变化，对大地而言，是妆容，是呵护，是滋养，也是一种纯真的安宁。冽冽冬日，肃肃祁寒，是属于雪的季节。如果缺少了雪，世间便少了许多诗文和意趣。

大雪时节，人们忙活完田里的活儿，又得忙活院子里的活儿、屋子里的活儿了。俗话说：小雪腌菜，大雪腌肉。有罐子、坛子，有酱缸，有菜窖。过冬的菜，该晒的晒好，该存的存好，该腌的腌上，该酱的酱上。那些腌菜、酱菜、干菜，以及冬储大白菜，曾是我们的冬天味道，也许正是它们，默默地护佑着我们并不丰足的日子。

收好了一仓粮，码好了一垛柴，存好了一窖菜，封好了一缸酱，再有瓶瓶罐罐儿的各种咸菜，如果再有肉，就已经是锦上添花的生活了。民间有“冬腊风腌，蓄以御冬”的习俗。

“小雪卧羊，大雪卧猪”，临近过年的时候，人们开始制作各种肉制品。除了备足过年所用的鲜肉之外，往往会制作烟熏肉或者风干肉。

当然，这是在气候湿润的南方。如果是在东北，就没有那么麻烦，肉几乎都是“常温”下保鲜。所谓“常温”，一般是零下三四十度。存放在院子里或者阳台上就行了。很多生活方式，其实都是气候使然。

每到冬天，就有南方北方关于如何取暖的段子。说北方虽然外面的世界天寒地冻，但一进家门就像到了春天，在家里穿着背心儿，一边赏着雪、一边吃着雪糕，偶尔还得开开窗感受寒气、提神醒脑。而南方的冬天经常是湿冷的雨雪盛行，南方

的朋友是蜷缩在厚厚的被窝里，戴着大帽子，焐着热水袋，还冻得瑟瑟发抖。所以大家调侃说，冬天取暖，北方是靠暖气，而南方是靠一身正气！说北方的冷是物理攻击，干冷，冷皮；南方的冷是魔法攻击，湿冷，冻骨。

从全国来看，12月至2月，固然是全年气温最低，降水最少的时段。但也不能一概而论，南方一些地区反而是冬季更容易出现降水，不然怎么会有《冬季到台北来看雨》这首歌呢？其实什么季节都可以到台北来看雨。那里一年之中，成“建制”的降水有三类，一是春夏之交的梅雨，二是夏秋的台风雨，三是冬季东北季风的季风雨。春季的花花果果很多，很少有心思看雨；台风雨太暴力，在各种预警和特报频发之时，人们的心思是躲雨而非看雨。只有冬季的季风雨最“家常”，最是随叫随到。

在古代，寒冷几乎是人们的终极恐惧。“寒”这个字所描绘的情景，便是在一个屋子里，一个人弓着身子，躺在柴草之上，门口儿的水已经冻成了冰。而关于衣着，一个夸张的说法，是“夏则编草为裳，冬则披发自覆”。夏天是穿着用草编织成的衣服，冬天则是用长长的头发盖住自己的身体。古时御寒能力差，古人最怕的是“冬日烈烈，飘风发发”，尤其是雪后的寒风，特别怕“喝西北风”。但在现代，饱受雾霾困扰的人们却常常期待着能喝上新鲜的“西北风”。

希望白雪和蓝天是我们冬日时光的陪伴者，人们关于岁月的记忆是雪白的或者蔚蓝的。

大雪一候

鹖鴠不鸣

鹖，求旦之鹖鸟也。似雉而大，青色，首似戴冠。颜师古云：『世谓之鹖鸡。』惟辄好斗，敌之而不知死。古者武士乃效为之冠，取其勇也。夜鸣则阴类，迎阳而不鸣，故曰鹖鴠不鸣。

《礼记注》:“鹖鴠，求旦之鸟也。”鹖鴠，是“夜鸣求旦之鸟”，夜深之时鸣叫，祈求天明。在古人看来，因为冬天长夜漫漫，有负期盼，所以鹖鴠便索性放弃了鸣叫。所以，“鹖鴠不鸣”应该是一项表征昼短夜长的节气物语。

当然，鹖鴠，这位“求旦之鸟”并不是真的鸟，而是鼠类，俗称飞鼠，学名叫作复齿鼯（wú）鼠。它的习性是昼伏夜出，但又偏偏惧怕寒冷，冻得哆哆嗦嗦，于是发出“哆啰啰”的叫声，所以也被称为寒号虫。

《吕氏春秋注》:“鹖鴠，山鸟，阳物也。是月阴盛，故不鸣也。”到了大雪时节，想必是因为天气太冷了，寒号虫只好躲起来“猫冬”去了，于是冬夜变得安静了。从这个意义上说，“鹖鴠不鸣”也是一项表征天气寒冷程度的节气物语。

大雪二候

虎始交

虎有数种，但分毛色以别，其性致猛烈，虽追逐犹复徘徊顾步，搏物不过三跃，不中则舍之。啸则风生，风生而万籁皆伏，伏则风止，风止而万籁皆息，亦气感之耳。是月，虎始交，犹合也。故曰虎始交。

在古人眼中，虎和龙一样，似乎都是天气变化的源动力，正所谓“虎啸生风，龙腾云起”。一个主宰风，一个主宰水，它们俩的跃动，造就着自然时节的风生水起。《吕氏春秋注》：“虎乃阳中之阴也，阴气盛，以类发也。”古人认为，在阴气渐盛之时，虎被赋予了生发的能量。

古人以五天一候的节律进行物候观测所得到的物语，也被称为“候应”，即在一候的时段内生物对于天时的反应。其中一些是观测难度系数很高的候应。有的是因为辛苦，例如立春二候的“蛰虫始振”，要清晰观测到蛰虫在地下半梦半醒，舒展筋骨的神态。有的是因为危险，例如大雪二候的“虎始交”，要清晰观测到寒冬时虎的交配。“虎始交”能够成为节气物语，也说明在万物萧瑟的冬季，人们找寻节气物语的难度，已经到了需要偷窥的程度。

即使在老虎并不罕见的古代，近距离观测到老虎交配，或许也只是偶然得之。然后通过样本数的逐渐累积，将这种可遇而不可求的偶然型发现升华为正史所认可的节气物语，可见古人的物候观测来自“众筹”。

大雪三候

荔挺出

荔，马薤也。按《本草》云即马兰也。似蒲而小，根可为刷，挺者言气之直达。凡物之气，感阴者腥，乘阳者香，故应阳而挺出也。

在先秦时期，仲冬之月的植物物语有两项，一是“荔挺出”，一是“芸始生”。《礼记正义》:“芸始生、荔挺出者，以其具香草故，应阳气而出。”无论是“荔挺”还是“芸”，都已是现代人比较生疏的植物了。芸芸众生的“芸”，是一种香草，芸香驱蠹。而“荔挺出”更是进入了考据学的领地。

按照《说文》的解释，“荔似蒲而小，根可为刷”。汉代学者郑玄认为，“荔挺，马薤（xiè）也”。李时珍在《本草纲目》中罗列了它的诸多称谓，其中既有比较晦涩的马薤、马蔺，也有特别通俗的马帚、铁扫帚。所以“荔挺出”，是指在大雪时节，马薤在冰冻和积雪的条件下，顽强地长出来。

无论“荔挺出”还是“芸始生”，都代表着寒冬中不屈的生灵以及稀有的生机。这会使我们联想到天山的雪莲、顶冰花，可以冒着雪生长，顶着冰开花。

冬至

- 平均气温 -2.5℃，平均最高气温 2.4℃，平均最低气温 -6.6℃。
- 平均日照时数 5.6 小时，平均相对温度 45%。
- 白昼最短、日照最少的节气。

冬至，不仅是最古老的节气，也曾经是最隆重的节日，甚至“冬至大如年”。对于冬至节的规格，各个朝代、各个地区，说法各有不同。第一种说法是比过年稍差一点儿。所以冬至也叫作“亚岁”，仅次于过年，而高过其他的节日。第二种说法是冬至节比过年还热闹。

宋代《岁时杂记》：“都城以寒食、冬、正为三大节。自寒食至冬至，中无节序，故人间多相问遗。至献节，或财力不济，故谚云：肥冬瘦年。”在宋代，一年当中最重要的三个节日分别是：寒食、冬至和过年。为什么冬至最隆重呢？因为寒食与冬至之间相隔八个多月，而中间也没有大的节日，所以人们隆重地庆贺冬至。但冬至和过年之间只相隔一个多月，人们刚花了钱财庆贺冬至，财力往往捉襟见肘，过年反而只能过得节俭，所以有“肥冬瘦年”的说法。

唐宋时期，公共假期多与节气相关，立春、立夏、立秋、立冬各放假一天，夏至放假三天。而冬至的节日氛围最浓厚，放假七天(过年也是七天)，也算是一个“黄金周”了。所以兼顾各朝仪仗、各方习俗，冬至的规格与过年基本相仿，“冬至大如年”可以基本概括古人对于冬至节的重视程度。而且“冬至大如年”，既是官俗也是民俗，既有官方礼仪，也有民间风俗。

宋代《乾淳岁时记》:“冬至，都人最重一阳贺冬。车马皆华整鲜好，五鼓已填，拥杂于九街。妇女小儿服饰华炫，往来如云。岳祠城隍诸庙，炷香者尤甚。”但总体而言，冬至节，往往是南方热闹，北方冷清。

到了明清时期，出现了官方与民间的节俗分化，冬至是朝廷的节日，但却是乡野的常日。

在北方，冬至贺冬的习俗在官宦人家也逐渐衰落，冬至在唐宋时期是重大节日，在明清时期已沦为普通节日。北方民间甚至已经不再把冬至当作一个节日，冬至的时候吃碗馄饨，已经是冬至习俗唯一的存在感了。但在南方，人们还几乎像欢度除夕一样，欢度冬至夜，依然保持着“冬至大如年”的规格。

官人和文人们特别在意的这个节气，到了在民间尤其是北方的民间，为什么受到冷落了呢？士大夫认为冬至是阴阳流转的“拐点”，“冬至一阳生”，所以到了冬至要相互道贺。

但老百姓觉得，冬至是隆冬季节的开始，天儿还越来越冷，数九还数不过来了，哪儿有心思道贺呀，过冬至煮碗馄饨、包顿饺子意思意思就得了。什么阳气将萌、阴气始衰？太抽象，在生活中看不见、摸不着，远远没有消寒实在。对于百姓而言，冬至，那是阴阳流转的“概念股”，并不是天气回暖的“蓝筹股”。人们更在意的是立春，而不是冬至。

从先秦时期开始直到汉代，人们是以冬至作为时间坐标系的原点来推算各种事情。

《管子》:“日至六十日而阳冻释，七十日而阴冻释。”

《吕氏春秋》:“冬至后五旬七日，菖始生。菖者百草之先生者也，于是始耕。”

《淮南子》:“何谓八风？距日冬至四十五日，条风至。”

《氾胜之书》:“冬至后一百一十日可种稻。”

《淮南子》中甚至有这样的说法：“以日冬至，数来岁正月朔日。五十日者，民食足。不满五十日，日减一升。有余日，日益一升。”

说若想知道来年的年景好不好，就从冬至日开始数，数到正月初一。如果有五十天，老百姓的粮食问题就不发愁。如果不到五十天，那么每差一天粮食就会少一升。如果超过五十天，那么每超一天粮食就会多一升。唐代的《四时纂要》还为此点赞，说“此占最有据也”。

显然，在二十四节气诞生之后很久，人们掐算时间依然是以冬至进行时间定位，足见冬至节气在节气界的霸主地位。

什么是冬至？南北朝时期《三礼义宗》:“冬至中者，亦有三义：一者阴极之至，二者阳气始至，三者日行南至，故谓之冬至也。”冬至有三层含义，一是阴极之至，阴气最盛的时候；二是阳气始至，阳气萌生的时候；三是日行南至，阳光直射点最南的时候。

冬至日，是北半球白昼最短、黑夜最长的一天。这一天，阳光直射南回归线。所以冬至也曾被称为“日南至”。这个时候，

太阳的“工作重心”是在南半球。我们接收到的来自太阳的热量最少，所以北半球一方面是日照时间最短，一方面是由于阳光斜射，单位面积接收到的热量最少。而向外散失的热量却最多，收支相抵，亏损最严重。

宋代《性理大全》:“冬至一阳生，却须陡寒，正如欲晓而反暗也。”虽然热量亏损最严重，但冬至还不是一年之中最寒冷的时节。为什么呢？因为尽管冬至之后日照开始增加，但吸收的热量依然小于散失的热量，气温继续降低。直到小寒或大寒时节，当收支相抵达到平衡，气温才会降到最低谷。热量“扭亏为盈”时，天气才会开始回暖。

冬至节气是黑夜最长、白昼最短的一天，但却既不是日出最晚的一天，也不是日没最早的一天。以北京和广州为例：北京是冬至之前两周，日没最早；冬至之后两周，日出最晚。广州是冬至之前25天左右日没最早，是冬至之后25天左右日出最晚。而中国最北端的漠河，是冬至之前8天左右日没最早，冬至之后8天左右日出最晚。显然，大家黑夜最长、白昼最短是一致的，但各地日出最晚、日没最早的日期差异非常大。

早在周代，人们便着眼于太阳高度角，以日影最长作为标志来界定冬至，这其实是一种很高级的思维。日出日没时刻虽然更浅显，但地域差异太大，而“黑夜最长、白昼最短”才具有共性。节气在创立阶段便已经立足于提炼共性。

从全国平均气温来看，冬至仅次于小寒、大寒，是二十四节气中第三冷的节气。隆冬时通常盛行北风，所以此时的南风为客风、虚风，或不时之风，也被称为贼风，隆冬时温暖的南风被视为贼。虽然在古代，人们惧怕冬至时节的凛冽寒风，但又担心天气不冷。这是古人非常可贵的一种理念。

《礼记·月令》:“是月也，日短至。阴阳争，诸生荡。君子齐戒，处必掩身。身欲宁，去声色，禁耆欲，安形性。事欲静，以待阴阳之所定。”在人们以阴气和阳气衡量气候的古代，冬至被视为“阴极之至”，所以到了冬至，人们便生活在万千禁忌之中。一个总的原则，是“不可动泄”。人们安身静体，“以养微阳”，呵护微弱的阳气。各种“工程”也都叫停了，冬至时“土事无作”，别动土，别弄“凿地穿井”之类的事情，不要“发天地之藏”。万物都在闭藏、休眠，大家相互之间最好能够做到“静而无扰”。所以冬至时，万物闭藏，蛰虫首穴，故曰德在室。似乎冬至时节，好好在屋里待着，便是一种美德。既是呵护自己，也是爱护别人。

“冬至前后……百官绝事，不听政，择吉辰而后省事。”似乎除了时光之外，一切都封冻了。冬至是阴气至盛、阳气始生的日子。人与自然同禀一气，一阳复始之时，人需要与这个气候节点同步呼应，人体是小天地，需要顺应大天地之阴阳流转，不要耗损而要充注生命的能量。

虽然冬至开始进入最寒冷的隆冬，但古人却在冬至节气相互道贺，为什么呢?

《汉书》:“冬至阳气起，君道长，故贺。”

《后汉书》:“夫冬至之节，阳气始萌。”

按照《汉书》和《后汉书》的说法，是因为冬至一阳生，冬至时节阳气开始萌生。使人们在漫漫冬日，因为阴阳流转，看到了一个拐点，有了一份向往和寄托。三国时期曹植《冬至献袜履颂》:“伏见旧仪，国家冬至，献履贡袜，所以迎福践长。”古代有冬至敬献鞋袜的礼俗，表示履祥纳福。所以那时候冬至节气的一句吉祥话，便是“迎福践长”。但冬至时阳气之萌并不像草木之萌那样直观，更像是一个概念，所以被描述为“潜萌”，是偷偷地悄然萌动，默默地为万物复苏做着铺垫，“冬至为德”，这个节气是在积“德”，为万物积攒着生机。

东汉《四民月令》：“（冬至日）其进酒肴，及谒贺君师耆老，如正旦。”民间除了相互拜访道贺，即“拜冬”外，通常还要祭祖、祭神，还要禳疫，祈求远离疾病。而且还要敬老，阴气最盛之时，要对老人特别关爱，所以冬至也有祈寿添岁的风俗。

而官方的冬至礼俗更为隆重。春分祭日，秋分祭月；夏至祭地，冬至祭天。其中最重要的，是祭天，向上苍祈求风调雨顺，国泰民安。冬至祭天，这是众多朝代最重要的节气“官俗”。明清时期“国家级”祭天盛典便是冬至日在天坛举办。

天坛祈年殿，始建于明代永乐十八年（1420 年），原名“大祈殿”，之所以称为“大祈”，是因为当时是天地合祀。清代乾隆十六年（1751 年）修缮后，易名为“祈年殿”。祈年殿内围的四根“龙井柱”象征一年四季；中围的十二根“金柱”象征一年十二个月；外围的十二根“檐柱”象征一天十二个时辰。中围“金柱”和外围“檐柱”相加，共二十四根柱，象征二十四个节气。三围之柱共二十八根，象征二十八星宿。

祈年殿之架构，体现着细腻的设计思维，可谓天文、气象与时序之集成。天坛还设有祈年门、斋宫、神库、神厨、宰牲亭、走牲路和长廊等附属建筑。因为祭天祈谷仪式，需要准备大量供品，需要在此集中处置。因为关乎社稷，为了赢得上苍垂怜，皇帝需要提前入住于此，专心斋戒。而且至少要“至斋三日”，戒荤戒色戒烟戒酒，禁止一切娱乐活动，洁身自处，所以除了沐浴不能戒，其他都要戒。

为了使大典具有神圣的仪式感，还有了神乐署、牺牲所等“有关部门”及其专职人员。

按照规制，祭天仪式基本上是“摸黑儿”举办的。“日出前七刻”开始，天亮之际结束，大约历时1小时45分钟。北京在冬至日的日出时间一般是7点33分，所以冬至祭天仪式最迟也要在5点45分开始。

皇帝起床后还要沐浴更衣梳洗打扮，都很耗时。大臣们更是要先于皇帝收拾停当，所以冬至祭天，很多人都几乎整夜无眠。当然，除了天坛之外，各地的各种坛庙建筑，也都是农耕社会人们礼天敬地这种文化习俗的实物证据。

从前进入冬至，人们就开始数九。一天天数着过日子，可见是最难熬的日子。从前，冬天可能是最能打磨人们心性的季节。农耕社会，春播、夏管、秋收，繁忙劳碌，人们往往无暇品味时光。只有冬季，是一段长而闲的时光。在寂寞的自处中，人们才有着一份气定神闲的状态。画九、数九，其实是冬日里情趣盎然的休闲生活。

关于冬至数九的五个问题：

问题一，什么时候开始有数九的习俗?

数九习俗，可能起源于气候寒冷的南北朝时期。南北朝时期《荆楚岁时记》：“俗用冬至日数及九九八十一日，为寒尽。”说明当时开始有人数九，但还只是乡间风俗。当然这句话也包括了另外三层含义：一是从冬至节气当天数，二是数九九八十一天，三是数九数完，寒冷的天气结束。

“晋魏间，宫中以红线量日影。冬至后，日添一线。”魏晋时期，

宫廷当中测量日影，冬至节气之后每天加一条线。虽然不是在数九，但也是在数着日子。

根据考证，最晚是从北宋开始，“数九”的习俗逐渐风靡，也渐渐有了各地版本的“九九歌”，有了各种画法的《九九消寒图》。但现存的九九歌谣主要还是明清时期的。因为一直被视为民间乡谣俚曲，不登大雅之堂，所以也就很少被收录到官方的岁时典籍当中。到了明清时期，“画九”“写九”的习俗，开始在士绅阶层当中成为一种时尚，描述暖长寒消似乎也就变成了一种风雅之事。

问题二，数九从哪一天开始数？

有三种数法，第一种是从冬至当日开始数，从前被称为“连冬起九”。《荆楚岁时记》中提到的、现在沿用的也正是这种数法。

清代的歌谣这样唱道：“连冬起九验天寒，只怕寒消九九难。第一莫贪头九暖，连绵雨雪到冬残。”是说以连冬起九的方式数九，人们体验着寒冷。只是担心数九数完了，到了惊蛰时节，依然会有料峭春寒。所以希望一开始数九最好就能冷下去，否则拖拖拉拉的雨雪，可能会一直延续到九九。

第二种数法是从冬至节气的次日开始数九。宋代《岁时杂记》：“鄙俗，自冬至之次日数九，凡九九八十一日。里巷多作九九词，又云：九尽寒尽矣。”当然，从这段话当中，我们除了看到是冬至节气的第二天开始数九之外，还可以听到一些弦外之音。作者用“鄙俗”、用“里巷”这样的称谓，似乎无论是数九还是九九歌谣，都只是粗鄙的风俗，并不入鸿儒之法眼。

第三种数法是“冬至逢壬数九”，即冬至起的第一个壬日开始数九。平均而言，“冬至逢壬数九”比冬至数九要晚数五天左右。

为什么是逢壬日数九？古人认为壬日的属性是生发，希望壬日可以为冬至阳生提供助力。但是，“冬至逢壬数九”方式的日期计算相对烦琐，冬至即开始数九的“连冬起九”更为便捷，习俗以趋简为走向。

问题三，数九数的是什么？

虽然立冬是进入冬季的时气点，但人们从身体感受出发，将冬至视为隆冬季节的开始，真正的考验从这时开始。但数九数上八十一天，不是在界定最寒冷的时段。最寒冷的八十一天，应该是横跨大雪、冬至、小寒、大寒、立春，应该是从12月初数起。

数九的着眼点在于数完九九，寒冷的天气结束，在于寒尽春归，于是始耕。所以，数九数的是结局。古代的御寒能力差，数九作为冬令时间的表达习俗，客观上是在疏解人们在冬寒胁迫下出现的心理危机，从寒冬看到春日的希望。

问题四，数九有哪些数法？

数九，主要有“九九歌谣”与《九九消寒图》两种。华北版本的九九歌至今仍在广泛流传：

一九二九不出手，

三九四九冰上走，

五九六九沿河看柳，

七九河开，八九雁来，

九九加一九，耕牛遍地走。

从一九到六九，都是两个两个数，七九开始一个一个数，因为回暖节奏快了，气温开始“转正”了，眼前的物候“看点”也多了。这是九九歌谣中一种比较简洁也比较通行的版本。

“今京师谚又云：一九二九，相逢不出手；三九四九，围炉饮酒；五九六九，访亲探友；七九八九，沿河看柳。”

而明代《五杂俎》当中记载的北方版本的九九歌谣，是“七九八九，沿河看柳”。比现在的“五九六九，沿河看柳”要晚半个多月，可见当时的气候比现在更寒冷。同样是明代《五杂俎》记载的江南版本的九九歌谣：

一九二九，相见弗出手；

三九二十七，篱头吹觱篥；

四九三十六，夜晚如鹭宿；

五九四十五，太阳开门户；

六九五十四，贫儿争意气；

七九六十三，布袖担头担；

八九七十二，猫儿寻阴地；

九九八十一，犁耙一齐出。

数到九九时节，已经是惊蛰时节，陆续春耕的南方，经常春雨连绵。所以也有“九九八十一，穿上蓑衣戴斗笠”之说。

人们最熟悉的写九，是：“亭前垂柳珍重待春风”。这九个字，每个字（繁体）都是九画，每天写一画，写完这句话，春天便来了。这是清代道光年间才有的九九消寒句，历史并不悠久。

《清稗类钞》：宣宗御制词，有“亭前垂柳珍重待春风”二句，句各九言，言各九画，其后双钩之，装潢成幅，曰《九九消寒图》。题“管城春色”四字于其端。南书房翰林日以阴晴风雪注之，自冬至始，日填一画，凡八十一日而毕事。

还有一种《九九消寒图》，像九宫格一样，每个格子里有九个圆圈儿。每天涂一个圆圈儿，相当于用圆圈儿记录当天的天气实况。怎么记录呢？民间歌谣这样说："上阴下晴雪当中，左风右雨要分清；九九八十一全点尽，春回大地草青青。"是以"上阴下晴右雨左风雪当中"的规则记录每日的天气，虽然天气现象的种类比较笼统和粗放，但依然可以呈现数九天气的概貌。这种消寒图，在迎候春的过程中，也算是随手涂抹的一份过冬日记吧。

再有一种《九九消寒图》，是画上一枝素梅，再画出八十一个梅花瓣儿，每天用彩笔染一瓣梅花，都染完后，春天就来了。明代《帝京景物略》："日冬至，画素梅一枝，为瓣八十有一。日染一瓣，瓣尽而九九出，则春深矣，曰《九九消寒图》。"

元代诗人杨允孚的《九九消寒诗》："试数窗间九九图，余寒消尽暖回初。梅花点遍无余白，看到今朝是杏株。"他还特地加了一段注解：冬至后，贴梅花一枝于窗间，佳人晓妆，日以胭脂涂一圈，八十一圈既足，变作杏花，即暖回矣。

问题五，人们为什么可以专注地数这么长时间？

我们有着炎热的夏季和寒冷的冬季，既要消暑，也要消寒。所以既有夏季的数九，也有冬季的数九。但夏季农事繁忙，人们无暇细数，所以夏九九的习俗渐渐地衰落了。而冬季是人们唯一安闲的季节，可以享受一种慢生活。

数九，是中国古代最长的一种数日子的"游戏"。这八十一天，统称"数九寒天"。整天数日子，必是苦日子。苦寒的年代，人们希望以这种雅致和闲适的方式，挨过漫长的冬季；很想把无趣过成有趣，把难受变成享受；好在数着数着，可以等到奇迹，寒尽春归。所以数九是中国古代一种难得的、具有娱乐意味的迎春方式。

冬至占卜，是上古时期流传下来的习俗。在甲骨文时代，占卜天气有叙、命、占、验四个环节。叙，叙述背景；命，提出命题；占，进行占卜；验，进行验证，事后验证当初的占卜是否正确。这是天气占卜的基本格式。

在古代的很多占候书籍中，对于一则天气谚语，也有验证之后的分级评估，比如这则谚语是“颇准”还是“屡验”“有验”“不验”“屡不验”。虽然上古时期，预报的方法未必科学，但不粉饰、不浮夸的验证环节，具有科学精神的雏形。

而占卜气候或年景，并不是随便哪一天掐指一算那么随意，要选择特别的日子。什么是特别的日子呢？

按照《史记》的说法，“四始者，候之日”。四个象征开始的日子，才是占候的日子。分别是冬至日、腊明日（古代腊祭的次日）、正月旦日、立春日。其中有两个是节气，冬至和立春。冬至象征的是阳气开始萌生。

《史记》：“凡候岁美恶，谨候岁始。岁始或冬至日，产气始萌。”冬至这一天，是“产气始萌”，是万物生长的阳气萌生的时候。而立春是“四时之始”，是新一轮四季开始的日子。虽然冬至和立春都是古代的占候日，但人们心目当中还是更看重冬至。毕竟立春之后没多久就陆续开始春耕了，即使知道了气候好坏也来不及从容应对。人们还是希望在冬至节气提前进行占卜，未雨绸缪。

宋代《梦粱录》：“最是冬至岁节，士庶所重……如晨鸡之际，太史观云气以卜休祥。”宋代官方的占候机构——太史局是在冬至日清晨仰望天空，占卜气候。当然，这种占卜方式只是代表了古人的一种心愿，冬至这天抬眼一看，全年的事情一目了然。

在古人看来，冬至“阳气始生”，冬至占卜相当于在所谓时气坐标系的原点预测时气的走势。冬至时节的天气是一种具有先兆意义的风向标，作为推测未来天气走势的依据。所以，与节气相关的天气谚语当中，冬至谚语是最多的。

冬至一候

蚯蚓结

蚯蚓结。蔡氏云：『结，犹屈也。蚯蚓在穴，屈首而下。』是月，虽有微阳而犹结焉，结言之未解也。

什么是“蚯蚓结”？按照东汉蔡邕《月令章句》的说法：“蚯蚓在穴，屈首下向，阳气气动则宛而上首，故其结而屈也。”古人认为，蚯蚓是阴曲阳伸的生物。地气趋于寒冷之时，蚯蚓的身体是向下的。进入冬至时节，阳气微生，蚯蚓的头开始转而向上，所以这个时候，蚯蚓身体的形状像是打了结儿的绳子一样。

这段描述虽然很有趣，但在天寒地冻的冬至时节，观测藏身于地下的蚯蚓，其身体的形态在一个确切的时间节点发生这么微妙的变化，还要在相当数量的观测样本中提炼共性，这是多么玄妙的一项物候观测啊！

农历十一月也被称为畅月。关于畅月之畅，有两种说法：

一是畅代表充实。按照元代陈澔《礼记集说》中的说法，是“言所以不可发泄者，以此月万物皆充实于内故也”。万物都要充实阳气而不能发泄阳气。

另一种说法是，阳气一直屈缩着，现在终于可以伸展了，感觉很畅快，所以叫作畅月。但无论哪种说法，说的都是所谓阳气。

在古人看来，“蚯蚓结”是阳气舒畅伸展的开始。

冬至二候

麋角解

麋，大鹿也。麋与鹿相反，鹿是阳兽，情淫而游山，夏至得阴气而解角，从阳退之象。麋是阴兽，情淫而游泽，冬至得阳气而解角，从阴退之象。解，陨堕也。故曰解角。

麋，即俗称的“四不像”。古人认为它为泽兽，属阴。“麋为阴兽，冬至阴方退，故解角，从阴退之象。”冬至一阳生之际，麋鹿感到阳气萌发，鹿角脱落，此乃“阴退之象”。《夏小正》中便已有“陨麋角”的物候记载。但对于冬至“麋角解”这项物语，历来存在争议。

唐代学者孔颖达在《礼记正义》中写道：“麋角解者，说者多家，皆无明据。”说的人很多，但都没有确凿的证据。方家只是注疏，并无实测。随着麋鹿在野外的逐渐绝迹，冬至“麋角解”之说实难验证。直到清代，乾隆帝还在考证冬至是否“麋角解”的问题。清乾隆三十二年冬至，他重读《礼记·月令》时，疑惑于此，便特地派人到鹿圈中查验。结果，被称为“麈（zhǔ）”的麋鹿，有的果真在解角，这为冬至“麋角解”找到了“实锤”。于是命令钦天监修改《时宪历》中“鹿与麋皆解角于夏”的错误。

为此，他还特地写了一篇《麋角新说》，感慨道：“天下之理不易穷，而物不易格，有如是乎？”

冬至三候

水泉动

水泉动者，是月，阴极于此而终，阳生于此而始，故曰水泉动也。

《淮南子》:“日冬至，井水盛盆，水溢。”

《礼记集说》:“水者，天一之阳所生，阳生而动。言枯涸者，渐滋发也。”

冬至“水泉动”，是指因为阳气萌生，井水开始上涌，泉水开始流动。

紫禁城内敬胜斋阁上乾隆帝题匾联:“看花生意蕊，听雨发言泉。”夏季之美,在于倾听雨中泉水如人喧哗般的声音。但冬至的“水泉动”，还不是“言泉”，还没有到如同人语响的程度，或许只有一点一滴的滴落。但毕竟已不再是“默泉”，不再是完全干涸或者冰凝的状态，这是古人的细节捕捉，以及由此感知时令的见微知著。

冬至“水泉动”，或许是提醒人们，天寒地冻之时，不要忽略阳气的萌生。

小寒

◆ 平均气温 -3.5℃、平均最高气温 1.7℃，平均最低气温 -7.7℃。

◆ 平均日照时数 5.8 小时、平均相对湿度 46%。

◆ 这是北京最寒冷的节气。

◆ 不过，随着气候变化，北京的严寒天气（全天气温 <0℃）由 1951—1980 年平均每年 25 天，减少到 17 天。

我们常常将小寒和大寒并称为隆冬，“小寒大寒，冻成冰团”。随着气候变化，虽然几乎每个节气都在变暖，但最冷的三个节气，始终是：第一名小寒，小寒是二十四节气中最冷的节气，尽管它叫小寒；第二名大寒；第三名冬至。而后面的排名，在不同的年代会有一些变化，比如原来立春是排在第四名的，随着气候变暖，现在已经退居第五名了。所以人们也往往将冬至、小寒、大寒这三个节气统称为隆冬季节。

其实入冬之后，各种气象要素几乎都在做“减法”，日照在减少，降水在减少，气温在降低。但从小寒节气起，气象要素的走势开始出现分化。进入小寒节气，有些气象要素开始悄悄地做起了“加法”：日照增加了，全国平均日照时数是冬至时节的 1.6 倍；降水增加了，全国平均降水量，小寒是冬至的 2.3 倍。

降雪日数最多的节气，并不是小雪或者大雪，北方是冬至和小寒，南方是小寒和大寒。

综合而言，最容易下雪的节气，是小寒。小寒还是从立冬到大寒这所有的冬季节气中降水量最大的节气。虽然小雪、大雪节气是因雪而得名，但小寒反倒比小雪、大雪节气更容易下雪，它反倒是天最冷、雪最多的节气。

为什么将小寒节气称为无冕之王呢？两个原因，一是它最冷，比大寒还冷，却只叫作小寒；二是它最容易下雪，比小雪大雪还容易下雪，名字却与雪无缘。

小寒时节，日照和降水，都开始触底反弹，而且是强力反弹。但气温却还在继续触底，风也变得更狂躁了。所以小寒的天气，按照陶渊明的说法是“凄凄岁暮风，翳翳（yìyì，晦暗）经日雪”，风雪交加，几乎是一种常态。即使大白天，也是天色晦暗，“荆扉昼常闭”，人们只能整天躲藏在屋子里，“邈与世相绝”，让自己“闭关”，完全与世隔绝。所以“采菊东篱下，悠然见南山”那诗意的田园生活，也是有时令前提的。

隆冬时节的田园，不复清雅，只有凄寒。往往是“三九二十七，篱头吹觱篥（bì lì，古代乐器），四九三十六，夜眠如露宿”。寒风嘶吼，篱笆发出乐器的声音。人蜷缩在屋子里，如同冬夜露宿街头一般。脑补这样的情景，我们就能够理解古人为什么苦寒，为什么数九，数着日子盼望着冬去春来了。从前北方人把生活之美满，形容为“老婆孩子热炕头”。躲在屋里“猫冬”，盘坐在炕上“唠嗑”，几乎是东北人冬季之日常。

小寒、大寒是一年之中最寒冷的时节，“小寒大寒，冻成冰团”。它们俩最冷，这毫无争议。而且小寒和大寒节气相比，哪个更冷？

似乎可以顾名思义，古人似乎早已有定论。

元代《月令七十二候集解》:“小寒，十二月节。月初寒尚小，故云。月半则大矣。”

古人已经用名字为它们分出了大小，大寒最冷，小寒次之。但谚语却表达了人们的生活体验，“小寒胜大寒，常见不稀罕”。感觉小寒经常比大寒更冷。

我们暂且换一个视角，先不说节气，在一年当中选取连续15天的一个时段，哪个时段是气温最低的呢？按照全国平均气温1981—2010年的平均值，气温最低的（连续）15天，是1月13日至27日，横跨小寒和大寒节气，恰好大约一半儿在小寒期间，另一半儿在大寒期间。似乎小寒与大寒，差距只在毫厘之间。但如果一定要像古人那样让它们一分高下，那么我们可以根据现代气象观测数据来计算一下，小寒和大寒，到底谁是最寒冷的节气？

第一，先看平均气温，看一看它们俩的“一贯表现”是怎样的？以1981—2010年的气温作为气候基准，根据全国平均气温由低到高为节气排定座次：

第一名，小寒

第二名，大寒

第三名，冬至

第四名，大雪

显然，按照气候平均气温，小寒是冠军，大寒是亚军。不过，小寒只是以低于大寒0.2℃的微弱优势险胜。

第二，再看它们的“极限能力”，各地极端最低气温的历史记录最容易出现在哪个节气？

第一名：小寒，37%

第二名：冬至，23%

第三名：大寒，22%

第四名：立春，13%

可见，按照极端最低气温，小寒是冠军，大寒是季军。

从 1951 年到 2017 年，这 67 年中，以全国平均气温进行 PK（对决），有 27 年，即 40% 的年份，小寒时节更冷；有 19 年，即 28% 的年份，大寒时节更冷；还有 21 年，即 34% 的年份，大寒小寒之间几乎是“没大没小”地打成平手。

再以平均最低气温来进行 PK，同样是 27 年，即 40% 的年份，小寒时节更冷；有 18 年，即 27% 的年份，大寒时节更冷；其余的 22 年，双方没有分出胜负。

结论是：在小寒与大寒的逐年“巅峰对决”的 67 年中，小寒是以 27 胜 21 平 19 负的战绩荣获二十四节气联赛总冠军！

通过小寒、大寒逐年的“巅峰对决”，我们也看到了另外一件事：2/3 的年份，小寒、大寒的气温高低分出了明显的胜负。那是不是小寒偏冷，大寒就偏暖，反之亦然呢？谚语说：“小寒冷，大寒暖；小寒不寒，大寒寒。”似乎它们之间存在明显的负相关。但是我们对 1951—2017 年的气温数据进行分析，可以看到在这 67 年当中，小寒和大寒有 41 年是一致的偏冷或者偏暖，占 61%。只有 26 年，小寒、大寒的气温距平是相反的。换句话说，更常见的情况是，小寒偏冷大寒也跟着偏冷，小寒偏暖大寒也跟着偏暖，大寒仿佛是小寒的“续集”。

那么如果小寒、大寒都偏暖呢？

谚语说：“大寒不寒终须寒。”暖冬之后的“倒春寒”往往给人留下刻骨铭心的印象。正如诞生于 2015 年春天的网络流行语，“好不容易熬过了冬天，却差点冻死在春天”。“小寒大寒冷得透，来年春天暖个够”，所以人们还是希望该冷的时候一定够冷，该暖的时候才会够暖，而不是冷暖错位。

显然，从现有的气候数据来看，小寒比大寒更冷。但是，气候也在不断地变化，那我们再分阶段、分区域地考核小寒、大寒之间的胜负。

第一阶段是小寒一边倒的阶段。在1951—1980年这30年当中，无论南方还是北方，小寒都是毋庸置疑的冠军。但从20世纪80年代开始，进入第二阶段，小寒大寒互有胜负的阶段。20世纪80年代，大寒开始在北方地区战胜小寒；20世纪90年代，大寒在气势上整体超过小寒；进入21世纪00年代，又变成了北方小寒更冷、南方大寒更冷的格局。可见在气候变化的背景下，大寒似乎正在努力缩小与小寒之间的温度差距，甚至在20世纪90年代一度实现了反超。

如果仅以1981—2010年的气温来进行衡量，全国有16个省（自治）区（直辖）市小寒气温更低，15个省（自治）区（直辖）市大寒更冷，从数字看几乎不相上下。从陆地面积上看，有将近600万平方公里（598万）是小寒更冷。但大寒更冷的地方，大多是东部和南方的人口稠密地区，所以有将近八亿人感受到的，却是大寒更冷。

简而言之，是小寒更冷的面积更大，大寒更冷所影响到的人口更多。包括台湾1981—2010年所有气象观测站观测到的平均气温，也是大寒比小寒低0.4℃，大寒更冷。当然，对于北京而言，自20世纪50年代开始就一直都是小寒最冷，从未改变。所以，在不同的年代、不同的区域，小寒、大寒谁更寒这个问题，可能有不同的结论，不能笼而统之。毕竟气候在变化，也毕竟小寒、大寒之间的温度差距本来就比较小。

即使在节气起源地区，也无法一概而论。比如陕西，一直都是小寒更冷；河南除了20世纪90年代，也一直是小寒更冷；山东却是20世纪50—70年代小寒更冷，20世纪80至21世纪00年代大寒更冷。因此，按照现代气象的观测数据，全国多数地区、多数年份，还是小寒更胜一筹，虽然它叫小寒。

可是问题来了，既然小寒比大寒还冷，是二十四节气中最冷的节气，那为什么还叫小寒呢？是不是古人给弄错了呢？关于这个问题，可能有三个原因。

第一，古人描述寒冷的程度，因为没有气温这种精确量化的方式，所以只能另辟蹊径。要左看看、右看看，冰层是不是更厚了、更硬了，所谓“冰方盛，水泽腹坚”。而冰冻三尺非一日之寒，“地冻”需要一个由上而下的渐进过程，比气温的下降要缓慢许多。谚语说“小雪封地，大雪封河”，“小寒冻土，大寒冻河”，不同下垫面的封冻，其早晚也存在显著差异。

我们衡量寒冷，是依据气温高低，小寒时天寒最甚，所以说小寒最冷。古人衡量寒冷，是依据冰层厚薄，大寒时地冻最坚，所以说大寒最冷。

对于古人而言，地冻有多深、有多硬，更加直观和物化，因此以地冻程度来界定谁更寒冷，也是可以理解的。

第二，古人界定寒冷的程度，也基于人的主观感受。小寒时，天气虽然很冷，但人们的耐受力尚可，不觉得已冷到极处。等熬到大寒时，即使气温没有变得更低，人已被寒冷折磨得力倦神疲，可能反而会觉得大寒更冷一些。所以在古人眼中，大寒之寒，更看重的是累积效应。

第三，古人信奉“物极而反”的理念，夏季只要开始转凉，就是秋；冬季只要开始回暖，就是春。两个极致季节，巅峰总是在最后，夏季是由小暑到大暑，冬季是由小寒到大寒。所以冬季的最后一个节气获得了大寒的名号，而最冷的节气只能屈尊地被称为小寒了。

所以判定小寒大寒谁更寒，未必是古人存在谬误，而主要是衡量寒冷的古今视角有所不同而已。

另外，或许还有一个原因，就是在二十四节气开始萌芽和创立的先秦时期，中原地区可能确实大寒比小寒更冷。当然，这只是缺乏史料依据、为古人自圆其说的一种猜测而已。

综上所述，最寒冷的节气是小寒。

名分和称谓虽有大小之分，但是小寒并不小，我们不能因为它名为小寒而轻视其寒！虽然数据计算和分析听起来有些枯燥，不像描写节气的诗文那样妙趣横生，但是以相对严谨而精确的数据说话，让科学也参与解读节气内涵和节气文化，也应该是我们认知二十四节气的一种方式。

小寒一候

雁北乡

雁北乡。《大戴礼》云：先言雁而后言乡者，何也？见雁而后数其乡也。乡者何也？乡其居也。雁以北方为居。何以为之居？生且长焉。故曰雁北乡。

小寒一候的“雁北乡”一直引人疑惑。大雁需要栖息在水生植物丛生的沼泽、湖泊边，以鱼、虾和水草为食。秋天大雁南飞是因为北方水面冻结，难以觅食。而小寒时的黄河流域地区正是最寒冷的时候。此时如果大雁已途经此地，中途无法补充给养，到达漠北的越冬地时，那里同样处于无法栖息的封冻状态。

人们觉得小寒“雁北乡”有违常情，所以历代的很多学者试图提供合理化的解释。唐代《礼记正义》:“雁北乡有早有晚，早者则此月北乡，晚者二月乃北乡。”人们认为，就像就像白露一候“鸿雁来”、寒露一候“鸿雁来宾”一样，雁群的启程有早有晚，飞行有快有慢，所以有先有后。

至于为什么会绵延两三个月呢？东晋干宝的解释十分清奇：“十二月雁北乡者，乃大雁，雁之父母也。正月候雁北者，乃小雁，雁之子也。”他的理念是“盖先行者其大，随后者其小也”。不惧严寒的大雁在小寒时节先探路，羽翼未丰的小雁在雨水时节再跟进。

直到清代，康熙年间的《钦定月令辑要》仍以这样的观点为正解：“十二月雁北乡，亦大雁，雁之父母；正月候雁北，亦小雁，雁之子也。”而明朝郎瑛《七修类稿》这样说：“二阳之候，雁将避热而回。今则乡北飞之，至立春后皆归矣。禽鸟得气之先，故也”。他另辟蹊径地认为，所谓“雁北乡”，并非节气起源地区的人们亲眼所见的本地视角。只是大雁从越冬地刚刚启程或准备启程，雨水二候的“候雁北”，才是雁群达到中原地区的时间。

小寒一候“雁北乡”在创立之时甚至有可能是一则虚拟的物语，未必是指大雁的迁飞。

“雁北乡”的乡，乃趋向之意，或许只是超前感知时令变化的大雁开始念及自己的北方度夏地而已，是天寒之时“虽不能至，心向往之”，是“身未动，心已远”。《礼记集说》:“雁北乡，则顺阳而复也。”人们认为“雁北乡”是鸿雁顺应阳气的提前启程。

或许这是人们按照鸟类“得气之先”的逻辑所进行的一番跨越空间的猜测。

小寒二候

鹊始巢

鹊知阴阳向背，风水高下，岁必一营其巢，而孳生比他之物最早。巢常背太岁而向天乙，葺巢取木枝条不取堕地之枝，巢中亦涂饰横梁其中。故小寒五日，始巢也。

物候历固然好，使气候变得鲜活直观，但有一个问题，春生、夏长、秋收还好，因为田里的、水中的、天上的物候现象都足够丰富，甚至另人眼花缭乱。一个节气都可以挑选出很多种具有观赏性和代表性的物候现象，可以多到难以取舍。

但是，物候历在冰天雪地的小寒时节就面临着巨大的挑战。草木枯萎了，蛰虫冬眠了，用柳宗元的话说，是“千山鸟飞绝，万径人踪灭”。如何才能找到活着的物候现象呢？好在，柳宗元观察得不够仔细，即使在小寒节气，也并没有“千山鸟飞绝”。超越寒暑的全天候生灵，可以成为任何一个时段的物候标识。

《本草纲目》:“鹊季冬始巢。开户背太岁,向太乙。”喜鹊是留鸟。小寒时“鹊始巢”,喜鹊开始衔草筑巢,准备孵育后代。但《礼记正义》认为：“鹊始巢者，此据晚者。若早者，十一月始巢。”小寒开始筑巢都算是晚的。《淮南子》也认为“阳生于子，故十一月日冬至鹊始架巢”，冬至才是喜鹊开始筑巢的标准时间。而且冬至、小寒只是开始筑巢，“鹊之作巢，冬至架之，至春乃成”。到春天才能“工程竣工”。喜鹊是具有专业级筑巢技能的鸟儿,但辛辛苦苦筑好了巢,却常有其他的鸟儿“鸠占鹊巢”。

从前人们觉得喜鹊既能报喜，还能报天气，似乎它深谙“阴阳向背，风水高下”之道，所以通过观察鹊巢来占卜气候。唐代《朝野佥载》:“鹊巢近地,其年大水。”明代《农政全书》:“鹊巢低,主水;高，主旱。俗传鹊意既预知水，则云：终不使我没杀，故意愈低。既预知旱,则云:终不使晒杀,故意愈高。”按照《农政全书》的描述,喜鹊如果预感到今年可能涝，就故意把巢筑得低，心里说：你还能淹死我？如果它预感到今年旱，就故意把巢筑得高，心里说：你还能晒死我？

这段描述让人感觉，喜鹊是既极具灵性又极具个性的动物。

小寒三候

雉雊

雊，雌雄皆鸣也。是月，雷在地中，雉先知而鸣。孟冬，言入大水为蜃，此候而言鸣，形虽相类候分两途。随气之应化者，只言化，鸣者只言鸣。故曰雉雊。

正值最寒冷的时节，但对于喜鹊、雉鸡而言，似乎它们的春天已经来了。《诗经》有云“雉之朝雊，尚求其雌”。是说清晨时分雉鸡便开始鸣叫，这是它们的求偶之声。在二十四节气物语之中，小寒“雉始雊”是整个冬季唯一的“鸟语”。

《礼记集说》:“雉，火畜也，感于阳而后有声。鸡，木畜也，感于阳而后有形。”古人认为，雉鸡是感受到阳气之萌生而发声的。但也有人通过观测，发现雉鸡鸣叫的时间应该是始于初春时节。所以对小寒“雉始雊”提出质疑。例如清代曹仁虎《七十二候考》这样说 :“考雉雊于小寒，时犹太早。”

大寒

- 平均气温 -2.4℃，平均最高气温 3.0℃，平均最低气温 -7.0℃。
- 随着气候变化，如今的大寒已暖过从前的立春（1951—1980 年北京立春时节平均气温 -2.7℃）。
- 平均日照时数 6.8 小时，平均相对湿度 38%。这是北京最干燥的时节。天空云量最少，倘若没有雾霾，便盛行响晴的冷蓝天气。
- 1951—2010 年的 60 年间，有 39 年的大寒时节无有效降水（比例高达 65%），是降水难度最高的节气。
- 北京最长连续无有效降水纪录为 145 天（2017 年 10 月 23 日—2018 年 3 月 16 日），由霜降一候一直延续到惊蛰三候。

什么是寒？象形文字，寒字，最上面的宝盖儿，代表的是一间屋子；最下面的两点水，代表的是屋子外面的冰；而中间的部分，代表的是一个人晚上钻到草堆里蜷曲着身体睡觉。

所以自谦的说法，自己的家叫作寒舍，贫苦的家庭，被称为寒门。所谓家境贫寒，贫与寒是相互伴生的。在人们眼中，贫富的差别，可以由冬天家里的温度来衡量。寒，才最能体现家的穷苦和简陋。

那什么是大寒呢？古人说“寒气之逆极，故谓大寒”。凉为冷之始，寒为冷之极。寒是冷的极致，而大寒又是寒的极限。所以从字面上看，大寒应该是一年之中最冷的时候。不过，如果单纯以气温来衡量，小寒、大寒两者相比，却是小寒略胜一筹。但毕竟它们俩相差无几，人们还是一视同仁地将小寒大寒统称为隆冬。

按照气温来衡量，小寒比大寒更冷，这已有定论。但古人将最后的节气定名为大寒，或许另有缘由，其中之一便是“水泽腹坚”，也就是冰层最深厚、最坚实。我们常说天寒地冻，因天寒而地冻。但实际上天寒与地冻之间存在明显的“时间差”。呼啸而来的冷空气可以使气温轻松下降10℃以上，但对于地表以下的深层地温而言，冷空气几乎是隔靴搔痒，没有什么存在感。这也是小虫子们选择到地下冬眠的原因。

即使天寒之后开始地冻，固态地面和液态水面的封冻时间也有先有后。谚语说："小雪封地，大雪封河。小寒冻土，大寒冻河。”由表面的“封”，发展为深处的“冻”，这是一个贯穿整个冬季的渐进过程。如果把地上的冷和地下的冻看作一个由表及里的系统工程的话，那么能让地上冷还只是“表面文章”。能让地上冷，是看得见的“招式”，而冷到深处，能使地下冻才是看不见的“内功”。所以我们不能单纯以气温论英雄。

或许在古人看来，“水泽腹坚”才是寒冷的最高境界。

而随着气候变化，即使在小寒大寒时节，“三九四九冰上走”也要特别小心。2018年快到立春的时候我才想起来去颐和园滑冰，工作人员已经开始不停地巡查冰层融化的情况了。那一年的滑冰季是1月6日至2月4日，只有小寒、大寒两个节气。况且还是在大寒极寒的情况下。气候变化，已经使我们不敢笃信大寒“水泽腹坚”的古训了。

虽然我们常说气候变化，气候整体在变暖，于是暖冬盛行。但往往一个冷冬，甚至一轮寒潮就能使人由此而怀疑所谓气候变化是假的。最令人刻骨铭心的，一个是2008年小寒、大寒时节南方的低温雨雪冰冻；一个是2016年大寒时节那场被网友称为“BOSS级”

寒潮的大降温。在那场“BOSS 级”寒潮席卷全国的过程中，1 月 24 日就连广州都下雪了。而广州城区上一场大规模降雪，还是在清光绪十八年（1893 年 1 月 15 日）。而光绪十八年的冬季，是中国 19 世纪最寒冷的冬季。所以有很多网友提出质疑：你们不是说气候变暖吗？这个“BOSS”级寒潮就是来打脸的！

但实际上，一股凶悍的寒潮打不到气候变暖的脸。气候变化，看的不是一时一地的冷暖，看的是年代的走势甚至世纪的变迁。就如同熊市有反弹，牛市也有暴跌一样。在平均气温震荡向上的过程中，往往更容易产生阶段性或区域性的冷。气候变化，能量水平提升，反倒更容易跌宕起伏，热到异常，冷到极端。

关于气候变化，大致可以归纳为四个问题：

第一，气候变了吗？

第二，气候变化的原因是什么？

第三，未来的趋势如何？

第四，我们该怎么办？

这四个问题，后三个问题都存在一定的分歧。但第一个问题，气候变了吗？气候真的变了。这是观测的事实，不是虚构的情节。从全球平均气温来看，气候变化并非假说。但质疑也是可以并且应该得到理解的。因为几乎没有谁生活在全球气温的平均值当中，此时彼时、此地彼地，都会有不同的气象感受。以曾被誉为“远东气象第一台”的上海徐家汇观象台自 1873 年至今的完整气象观测数据为例：

1881—1910 年上海的气候平均气温是 15.22℃。

1981—2010 年上海的气候平均气温是 16.96℃。

整整 100 年，气温上升了 1.74℃。

其中21世纪00年代比20世纪00年代气温高2.72℃！明显高于全球气候变暖的平均水平。年平均气温升高2.72℃是个什么概念呢？相当于将上海南移了5个纬度，上海的温度变成了桂林至赣州一线的温度；相当于将北京南移了5个纬度，北京的温度变成了洛阳至郑州一线的温度。

随着气候变化，现在暖冬变成了一种大概率。于是有很多年长者回忆起自己小时候冰天雪地的冬天，觉得那才是真正的冬天。大家还是希望每个季节自然如初，别是被气候变化PS（图片处理）过的样子。但是，对于在暖冬时代出生和长大的人们来说，20世纪六七十年代的寒冷实在是太残酷了。中国的极端最低气温是-52.3℃，是黑龙江漠河在1969年2月13日创造的，为立春时节。北京的极端最低气温-27.4℃是在1966年2月22日创造的，为雨水时节。而现在，北京的气温降到零下十几度就已经足以成为万众吐槽的热点事件了。零下27℃，已然恍如隔世！

古人将腊月称为大禁月，因为腊月要祭拜神灵，逐除妖魔，所以人们谨言慎行，诸事皆有禁忌。但以御寒的视角，或许最大的禁忌，用大白话来说，就是禁止嘚瑟。这是风度不能战胜温度的月份。

《农政全书》："十二月谓之大禁月。忽有一日稍暖，即是大寒之候。大寒须守火，无事不出门。"这一时节，冷本是常态，稍一回暖，反而是大冷的前兆。冷空气每次围剿过于造次的暖气团，往往都伴随着凄风寒雪，所以"一日赤膊，三日头缩"或"一日赤膊，三日龌龊"。暖一天，至少冷三天。所谓"龌龊"，是指雨雪之后的湿滑泥泞，天气变得更加湿冷。人们还是希望隆冬的气温不要过于突兀和跌宕，谚语说：冷不死，热不死，忽冷忽热折腾死。

唐代诗人元稹曾经写过一组吟咏二十四节气的诗，其中《大寒》一首写道："腊酒自盈樽，金炉兽炭温。大寒宜近火，无事莫开门。"其中所谓"金炉兽炭"说的是铜制的暖炉和做成兽形的木炭。当然，能够腊酒御寒、金炉取暖的，也并非平常人家。不过，"大寒须守火，无事不出门"的说法有点过于绝对化。《论衡》中说："盛夏之时当风而立，隆冬之月向日而坐。其夏欲得寒，而冬欲得温也。"

冬日可爱，夏日可畏。冬日里能够出门晒晒太阳，其实是更低碳也更健康的取暖方式。记得小时候，乡下的老人们抄着手坐着小板凳，在墙根下晒太阳唠家常，大黄狗趴在地上边晒太阳边旁听。只要没有风，并不觉得这是隆冬。

从前人们既惧怕寒冷，更担忧该冷的时候不冷。对于寒暑温凉保持着高度的理性，并不是根据体感舒适度来评价气候的优劣。所以谚语说："小寒大寒终须寒。大寒不寒，人马不安。"人们希望大寒时冻得"透透的"，"大寒冷得多，春来暖得多"。如果该冷时没冷，该暖时便很难暖。天行有常，寒暑有节，这才是正常的气候。

从前在人们眼中，如果大寒时节不够冷，会有什么后果呢？

"大寒暖，立春冷。"

"大寒暖几天，雨水冷几天。"

"大寒地不冻，惊蛰地不开。"

"大寒不寒，春分不暖。"

"大寒无寒，清明泥潭。"

"南风打大寒，雪打清明秧。"

如果大寒不够寒，就可能会连累到几乎整个春天，惊蛰时还没有消融，春分时还没有回暖。“大寒天气暖，冷到二月满。”而且“春寒多雨水”，即使到了“清明前后，种瓜点豆”的时候，田地还是一片泥潭。本该清明断雪，却是“雪打清明秧”。而且还不止春天，大寒不寒的后遗症会一直传染到夏天。不仅殃及春耕春播，还会影响到夏收夏种，甚至还是伏旱的罪魁祸首。

“大寒不翻风，冷到五月中。”

“大寒不冻，冷到芒种。”

“小寒大寒不下雪，小暑大暑田开裂。”

这些“老话儿”，使人们心无怨念地忍受着隆冬的严寒。生怕天气没有冷透，来年可能遭遇冷夏、倒春寒，年景就没有了指望。

《左传》:“冬无愆阳，夏无伏阴，春无凄风，秋无苦雨。”理想的气候是：冬天不要太暖，别是暖冬；夏天不要太凉，别是凉夏。春天可以有风，但最好不是凛冽寒风；秋天可以有雨，但最好不是拖泥带水的连绵阴雨。

人们希望大寒时节既要冷，还要雨雪丰足，“大寒三白，有益菜麦”。人们在隆冬时节，并未贪图晴暖，而是着眼于气候与农事，“大寒寒白，来年碗呷白”，只有大寒时节既寒又白，来年碗里才能有白米饭。这些谚语，不仅表达了人们的气候价值观，其实也是从前人们占卜天气的一种方法论。虽说是农闲时节，但其实人们并没有真闲着。除了“小寒大寒，收拾过年”之外，还抽空观察此时的天气，问卜来年。预测的初始场是大寒时偏冷还是偏暖，偏干还是偏湿，预测思路是根据统计规律，也就是大寒不寒与倒春寒之间有没有显著的正相关。实际上是基于天气韵律，也就是某种气象现象的发生可能存在一定时间长度的准周期，所以两件事之间虽然看似相隔遥远，但暗中存在某种关联。据此来推测春天怎么样，夏季又如何，年景好不好。

虽然从气温上看，小寒比大寒更冷，但我们并不能武断地说大寒之大是假冒的，因为它们之间的差距只在毫厘之间。而且随着气候变化，最寒冷的时段有所后延。与小寒相比，大寒越来越成为货真价实的大寒。

况且大寒之寒，毕竟是在人们熬冬快熬不住了的时候，无论是北方所谓“物理攻击”的干冷，还是南方“魔法攻击”的湿冷，都更考验着人们的耐受力。

正如诗人徐志摩在 1923 年大寒时节写的那段话：

> 耐，耐三冬的霜鞭与雪拳与风剑，
> 直耐到春阳征服了消杀与枯寂与凶残，
> 直耐到春阳打开了生命的牢监……

大寒一候

鸡乳

鸡乳。《诗》云：『风雨凄凄，鸡鸣喈喈。风雨潇潇，鸡鸣胶胶。』喈喈，鸣不失其和。胶胶，鸣不失其固。尚且不失其度，何况应候乎？古云：鸡之德有五：头戴冠，文也；足传距，武也；敢斗者，勇也；见食相呼者，仁也；鸣不失时者，信也。又鸡知时日，抱其卵而善伏，犹且未乎。故曰始乳。

到了小寒大寒隆冬季节，该枯萎的枯萎，该冬眠的冬眠，白茫茫的，静悄悄的，只有鸟类时不时地出现在人们的视野当中。这时候，除了鸟类，人们环顾四周，实在找不到更丰富的物候现象，怎么办呢？自家养的“六畜”—— 牛羊马鸡狗猪，这些家禽家畜，也成为观测对象。于是有了大寒一候“鸡始乳”，也就是在一年中最寒冷的时节，家里的鸡，开始孵小鸡了。吴澄《月令七十二候集解》：“鸡乳育也。鸡，木畜也，得阳气而卵育，故云乳。”

《夏小正》中也曾将“初俊羔”作为二月物候，刚刚断奶的小羊开始自己去吃青草了；将“颁马”作为五月物候，把怀孕母马同其他马匹分开放牧。但“初俊羔”“颁马”，最终并未被列入七十二候之中。

大寒“鸡始乳”，也被视为我们身边的阳气萌生的标识。这是一个完全没有观测难度和观测风险的物候现象。于是，鸡作为家禽家畜的代表，成功入选七十二候。

其实，人们很早就开始将鸡视为感知和预测风雨的“专家”。《诗经》中，便有“风雨凄凄，鸡鸣喈喈……风雨潇潇，鸡鸣胶胶”的描述，谚语中，有“鸡晒翅，天将雨”“鸡发愁，雨淋头”“家鸡宿迟主阴雨”之类的说法。

大寒二候 征鸟厉疾

齐人谓之击征。曰题肩，曰雀鹰。是时，杀气盛极，故鹰隼之厉，取鸟捷疾严猛也。为其将复为鸠，于是厉疾，物极必反，故乃厉疾也。

唐代《礼记正义》:“征鸟，谓鹰隼之属也。谓为征鸟如征，厉，严猛；疾，捷速也。时杀气盛极，故鹰隼之属取鸟捷疾严猛也。”元代《礼记集说》:“以其善击，故曰征。厉疾者，猛厉而迅疾也。”

鹰隼在捕食过程中的高超水准，体现在两个关键字上：一是描述威猛的“厉”，一是描述敏捷的“疾”。“征鸟厉疾”，说的是冰天雪地的大寒时节，鹰隼之类的掠食者也常常忍饥挨饿，于是在空中盘旋，一旦发现猎物就迅猛地俯冲、扑食，并无“鹰乃祭鸟”式的仪式感。人们感觉此时征鸟之凶悍，异于往常。

“征鸟厉疾”，可谓隆冬“杀气盛极”的现场直播。

大寒三候

水泽腹坚

水泽腹坚。腹，厚也。冰方盛则重，阴极于此故也。盛极而衰，东风将欲解。冻言此方盛，水以阳熙而柔，以阴凝而坚，故曰腹坚。则坚达于内非时形于面而已。

元代《礼记集说》:“冰之初凝,惟水面而已,至此则彻,上下皆凝。故云腹坚。腹，犹内也。藏冰正在此时，故命取冰。”

立冬之时的冻只在最浅表，如同冰冻在肤；大寒之时的冻是在最深处，如同冰冻入腹。此时的冰层最深厚、坚实，于是人们取冰、藏冰以供盛夏之用。

每天气温的波动经常上蹿下跳，但地下的温度对气温波动的响应既有滞后，又有衰减。地表以下一米的深层地温往往是“我自岿然不动”。气温骤降，可以是一日之寒。一股寒潮便能强行换季。但冰冻三尺非一日之寒，由薄冰到坚冰，体现的是累积效应。腹有坚冰气自寒，“水泽腹坚”是更具底蕴的寒冷。

后 记

一

七十二候物候历的优点是：低障碍、高分辨，即认知层面的通俗和时间尺度的精确。

如何理解“低障碍”呢？

在古人眼中，整个世界可以分为三个层次：天象、气象、物象。月有圆缺是天象，天有阴晴是气象，草木有枯荣是物象。人们通过观察天象、气象和物象这些表象，发现表象背后的规律，再通过把握规律，决定农事，安排生活。

天象，具有相对恒定的规律。人们需要借助天象，来相对精确地刻画时间。所以关于时间的历法，实际上是天文历法。例如二十四节气中每个节气的时间间隔，也是将地球绕日的公转轨道划分成 24 个等份。沿着黄道每运行 15° 所用的时间，便是一个节气。

古代的所谓观天测候，观天只是手段，测候才是目的。人们借助由天文学所制订的时间历法，来梳理气候现象，观察一年之中的干湿和冷暖有什么样的时间规律，甚至什么时段下雪，什么时段鸣雷，什么时段凝露、降霜，什么时段结冰，什么时段冰雪消融，都以节气的方式确立了关于气候的标准时间节点。

什么是气候？气候是天气现象的规律。而中国古人所摸索的气候规律，是建立在天文学的时间历法基础上的气候规律，是以二十四节气为时间节点所建立的时段化的气候规律，这是中国古代独特的气候学。

但气候学只揭示了天气现象的一般性规律，只描述了天气现象的平均状态，或曰常态。只有常年的规律，而没有某年的变率，并不足以严谨地指导农耕。就像公布经济数据的平均值、经济形势的代表性数据，很多人调侃说我又被“代表”了，因为很少有人生活在平均值当中。同理，很少有某一年或者某一时段的天气完全吻合气候的平均态。所以人们还需要建立能够预测具体天气的天气学。但在科学尚未昌明的古代，人们如何理解气候、预测天气呢？

在实际操作过程中，人们往往“就地取材”，借助物候现象，借助各种生物的反应来把握气候、推测天气。《易经》有云：“一阴一阳之谓道，阴阳不测之谓神。”所谓道，是合于规律的气候，所谓神，是异于规律的天气。人们认知自然世界的过程中，便是先梳理可测之“道”，再揣摩不测之“神”，这便是人们的认知路径和认知进程。

有人说，二十四节气是中国人的气候密码，但其实二十四节气并不是密码。

气候或许有密码，而二十四节气是对于气候密码的中国式破译。是将气候密码进行明码标示，是将复杂的问题简单化。而中国式破译的核心，就是把最复杂的气候转化成最浅显的物候，使得每个人都能明白，每个人都可以参与；让人们身边的每一种生物，都可以成为天气、气候的“同声传译”。

在《夏小正》中，描述气象的文字，只占全书篇幅的5%，而描述物候的文字占到了45%。以物候界定时间，刻画气候，是中国古人的首选方式。人们对于物候的认知早于节气，是节气的雏形，后来又成为节气的注脚。

物候学是二十四节气的先行和导引，也是一种文化路标，它创立了人们理解自然的基本范式。

节气，是中国人的时间，而这种时间又是具有鲜活物候情节的时间。

立春，是冰雪始融、蛰虫始振的时间。

雨水，是鸿雁迁飞、草木萌动的时间。

惊蛰，是桃花盛开、黄鹂鸣唱的时间。

按照《淮南子》的说法，“天地之气，莫大于和”，万物因和而生。所谓“和”，是各种气象要素的协同与共振。

在古人的意念之中，总有什么原因，使虫儿爬出来，鸟儿飞回来，蛙儿唱起来。人们侧重的不是某个具体原因，是各种原因累加而成的结果。人们在意的不是由气候到物候的因果逻辑，而是将物候作为气候的大众版本，将物候规律作为气候规律的写照和农耕事项的参照。

二

什么是物候？物候，就是其他生物的生活规律。人们借用物候，指导生活，就是参考“别人”的“生物钟”。在节气的时间框架之内，以物候确定时序，让鲜活、直观的物候使时间变得有情节、有故事。节气刻画的是特定时段，物候刻画的是特定时段内的环境效应。

七十二候物候历，使每个节气时段都有三个“低头不见抬头见”的物候现象，例如：

植物物候：小满一候苦菜秀，二候靡草死，三候麦秋至。

动物物候：小寒一候雁北乡，二候鹊始巢，三候雉始雊。

人们试图在时间尺度上使每个节气变得更“高清”，也更情节化。

在古代，人们的农耕参照物候，不仅在于物候具有鲜活、直观的情节，而且物候所体现的“生物钟”是智能化的。常年的气候具有规律，但每年的天气又会偏离常年的气候，表现出一定的变率。虽然从气候而言，人们说“过了惊蛰节，耕田不能歇”，但有的年份，正如宋代范成大的《蝶恋花》所言："江国多寒农事晚，村北村南，谷雨才耕遍"。所以农耕并不能刻板地参照节气。

虽说"谷雨下秧，大概无妨"，但种田不能只求"大概"，所以"谷雨不冻，抓住就种"，就如同一个补充条款，参考节气，还要把握天气。

《吕氏春秋》："冬至后五旬七日，菖始生。菖者，百草之先，于是始耕。"

人们还是更信任物候，因为各种生物智能化的"生物钟"，能够根据天气和地气，包括光热水等各种要素的实时状况作出是否适应生长的时间订正和"可行性论证"。所以人们说"菖始生，于是耕"。

《隋书》："瞻榆束耒，望杏开田。"

根须在地下、枝干在地上，无论天气还是地气的微妙变化，杏树和榆树都已经替人们全方位地"侦察"过了。杏花盛放，榆钱生香的时节，人们便可以放心地开始春天的耕作了。

古人用物候这种间接证据来判断此地的年际差异是"今夜偏知春气暖，虫声新透绿窗纱"。

我不知道气温是多少，气温的距平如何。为什么可以判断出"春气暖"呢？因为夜里已经能够听到鸣虫叫了。

古人用物候来判断各地气候的差异是"即今河畔冰开日，正是长安花落时"。边塞的冰河刚刚开始融冰，长安城里的花都开始凋谢了。换句话说，边塞的立春物候，却是长安的谷雨物候。

古人观天象、观气象、观物象，从天文学、气象学到物候学的应用轨迹，实际上就是人们参照其他生物智慧的"生物钟"来耕耘稼穑，使复杂、深奥的问题变得浅显和简单，体现了中国古人借用、变通、融合的大智慧。

在古代，观察物候是一种参照方式；而在现代，人们已不大需要借助物候来指导农事，但观察物候，依然可以是人们一种亲近自然、感知时令的方式。

以物候表征气候，这是一种降门槛的方式。这种低入门甚至零障碍的方式，可以使平民广泛参与，可以实现民间智慧的集成和众筹。于是，各村有各村的高招，每家有每家的秘籍。它在很大程度上，使二十四节气变得特别亲民。

三

但七十二候物候历也存在三类局限：地域和年代局限、时间周期局限、认知局限。

地域和年代局限

节气虽然源于黄河流域，但很多节气却具有超区域的共性。例如小寒大寒时最冷，小暑大暑时最热，夏至时白昼最长，冬至时黑夜最长，春分秋分时昼夜平分。而物候更凸显个性，“马后桃花马前雪”，它更接地气，也就更容易受到地域的局限，更属于“一亩三分地”的小气候。

国家疆域的扩大，一国之中有了越来越多的气候区。气候不同，物候不同，甚至物种各异。对于一个大国而言，无法以一种物候作为普适性的标准答案。物候历更应该“本地化”和“当代化”。而且七十二种物候现象，自汉代确立以来，人们将其奉为经典，基本没有进一步的修订，有一种“一榜定终身”的感觉。

时间周期局限

以五天、五天这样的时间节律来一刀切地划分不同时间周期的物候，并不完全符合各种物候自身的生消规律，似乎有一种让自然物候削足适履的感觉。

认知局限

我们暂且将一些物候再分为四种类型：难以观测型、存在争议型、物种危亡型、认知谬误型。

难以观测型：

例如立春二候蛰虫始振。地下冬眠的小动物醒了或者半梦半醒，抻抻懒腰、伸伸翅膀，但是还赖着不起床。例如冬至一候蚯蚓结。冬至时，在地下冬眠的蚯蚓感受到阳气微生，回首向上，身体弯曲得像绳结一样。这是隆冬季节起始时段的物候标识。

虽说这些情节极具画面感，但冰冻三尺之时，如何进行常态化的观测，还要以丰富的样本数保证可信度呢？

例如处暑二候天地始肃。天地的表情开始变得严肃了。从夏长到秋收，天地对万物的态度由慈到严，从仁慈到严酷。天地始肃，似乎是一个很感性的标准。从意会到言传，从文学层面转化到科学层面，怎样才能设立一个量化的观测指标来衡量天地的表情变得严肃了呢？

例如小雪二候的天气上升、地气下降。这是古人对于气候原理的一种认知方式。为什么夏天雨水多呢？是因为上面的天气下降、下面的地气上升，双方很友好，两种气交织在一起，风云际会，于是雨水丰沛。为什么冬天降水少呢？是因为上面的天气向上升，下面的地气向下降，它们俩谁也不理谁，处于冷战状态，就没心思联手生产雨雪了。但是，用什么量化的方式来衡量它们之间的关系呢？

例如大寒二候的征鸟厉疾。是说隆冬时节鹰隼这样的猛禽在捕食的时候会显得格外凶猛。但凶猛还是不凶猛，是它的肢体语言带给人的一种综合感觉，这就如同跳水比赛、体操比赛，具有印象分的属性。

存在争议型：

例如大雪三候荔挺出，什么是荔挺？冬至二候麋角解，麋鹿真的在解角？小寒一候雁北乡，大雁真的动身了吗？

例如立夏一候蝼蝈鸣。到底什么是蝼蝈，历来众说纷纭。有说是蝼蛄的，有说是蝼蛄和蝈蝈的，有说是青蛙的，也有说是蟾蜍的。没有形成共识的节气“物语”，难以成为物化的时间标识。

物种危亡型：

从前人们选取的物候对象，有鹿、有麋，有虎、有狸，有豺狼、有鳄鱼，可以想见这些都曾是经常在人们眼前“现场直播”的物候，但现在都已经很难在野外见到了。

例如清明二候的田鼠化为鴽。什么是鴽呢？有的辞典说是“古书上指鹌鹑类的小鸟”，有的辞典说得更简单，“鴽，一种鸟”。罕见到只能在字典里见到的名字，怎么能继续担任物候标识呢？

认知谬误型：

例如雨水一候獭祭鱼、处暑一候鹰乃祭鸟、霜降一候豺乃祭兽。

例如惊蛰三候鹰化为鸠、清明三候田鼠化为鴽、大暑一候腐草为萤、寒露二候雀入大水为蛤、立冬三候雉入大水为蜃。

将源自联想甚至臆断的物候，继续作为节气“物语”，只是出于尊重七十二候物候历的文化属性，而并非出于科学层面的认同。无须隐晦，但也不必苛责，尽管这些被正史确立的七十二候从科学的角度来审视并非完美无瑕，但它所创立的理念，却给民间更本土、更契合农事的物候观测，提供了一种模式和范本。

四

中国的气候，极具特色。与同纬度地区相比，冬天足够冷，夏天又足够热，我们的生活中有着巨大的冷暖、干湿的跨度，体现着足够大的气候张力。既规律鲜明，又变率显著。有的在情理之中，有的又在意料之外。天，既有不测风云，也有可测风云。所以中国古人对于天气，有着非常深邃的思考。

遵循时令的天气，都是好天气。只要冷暖有常，雨旸有节，便可以被视为“正气”。而无论月令，无论节气，还是七十二候，都是对于“正气”的解读方式。

如果天气违背时令呢？可以举两个例子，一是霜，一是雷。

在古人看来，无论是霜还是雷都要按时来，早了也不行，晚了也不好：

霜如果早了，“未霜见霜，粜（tiào，卖米）米人像霸王”。没到霜降就下霜了，今年粮食减产，于是卖米的人像霸王一样，您得看他的脸色。

霜如果晚了，“冬至无霜，碓（duì，舂米用具）杵无糠”。如果冬至时都不下霜，说明气候异常，来年的作物就可能歉收。如果正好霜降的时候下霜呢？谚语说“霜降见霜，米烂陈仓”，粮仓里的米可能多到烂掉。

雷如果早了，“未蛰先雷，人吃狗食”。年景不好，粮食短缺，甚至到人和狗争食的程度。

雷如果晚了，“雷打迟，寒露风早”。春雷来得太晚，秋天早早的就会有低温阴雨。

如果恰好在惊蛰时节春雷鸣响呢？

谚语说“惊蛰闻雷米如泥”，稻谷丰收，米多到像泥一样多。

即使是“霜杀百草”的霜，即使是令人惊骇的雷，如果遵循时令，也都可以是丰稔的预兆。

“中国，农国也，种植耕获概以节气为准。”气候节律是行者，而人们是气候节律的随行者，是跟着节气过日子。在漫长的岁月中，气候节律主导着生活节律。所谓时，往往特指农时；所谓岁，在人们潜意识中，自是春生、夏长、秋收、冬藏的日程组合体。

中国人最高的气候理想，其实只有四个字——“风调雨顺”，人们并无奢望，天气只要遵循时令规律便好。

风调雨顺，于是五谷丰登；五谷丰登，于是国泰民安。

宋英杰

2019年3月

宋英杰

中国气象局首席专家，教授级高级工程师，CCTV天气预报节目首位主播。宋英杰以专业背景、知性形象、诙谐语风，2012年曾荣获播音主持界最高奖“金话筒”奖。

宋英杰多年来潜心于研究、解读和传播节气、物候等与气象相关的学科知识与文化遗产，希望蕴含科学属性的传统文化依旧润泽着我们对于万千气象的体验。出版有《二十四节气志》《天气谚语志》《风云丝路》《全球天气节目简史》《哪片云彩会下雨》等专著。

图书在版编目（CIP）数据

故宫知时节 ：二十四节气 七十二候 / 宋英杰著；王琎摄影. -- 北京 ：故宫出版社，2019.12（2022.11重印）
ISBN 978-7-5134-1264-3

Ⅰ.①故… Ⅱ.①宋… ②王… Ⅲ. ①二十四节气－普及读物②物候学－普及读物Ⅳ.①P462-49②Q142.2-49

中国版本图书馆CIP数据核字(2019)第246315号

故宫知时节：二十四节气 七十二候
宋英杰 著 王 琎 摄影

出 版 人：章宏伟
责任编辑：王冠良 熊 娟
释 文：杨 安
审 读：石慎之
装帧设计：李猛工作室
责任印制：常晓辉 顾从辉
出版发行：故宫出版社
地址：北京市东城区景山前街4号 邮编：100009
电话：010-85007800 010-85007817
邮箱：ggcb@culturefc.cn
制 版：北京印艺启航文化发展有限公司
印 刷：北京启航东方印刷有限公司
开 本：889毫米×1194毫米 1/32
印 张：12.5
字 数：290千字
版 次：2019年12月第1版
2022年11月第3次印刷
印 数：16001-24000册
书 号：ISBN 978-7-5134-1264-3
定 价：96.00元